你有多凶猛，
世界就有多软弱

眠眠 著

贵州出版集团
贵州人民出版社

前 言

"书田文化"的编辑刘一寒找到我说："眠眠，咱写本书吧，我看了你知乎专栏《众生尖叫》里写的全部文章，每看完一篇，都觉得浑身上下充满了斗志，它们值得让更多人看到。"

几句话把我也感动到了，遂又写了几篇，尝试着发表在个人公众号上。不久之后读者纷纷留言说："眠眠老师，新的文章真的挺受用，可你一个钻研冷历史的，怎么开始'熬鸡汤'了？"

我于是回复他们："与其说这是'鸡汤'，不如说是'仙豆'。"所谓"仙豆"，源自经典动漫《龙珠》中的一种神奇道具，即便你被虐打到气若游丝，命垂一线，服下它之后，便能瞬间满血，恢复到巅峰战力。

是的，我写这本书的目的，就是让读到它的朋友们，也能于迷茫和困顿之中，甚至在绝望的边缘，重新寻回斗志，继而让自己在这样的蜕变中，不断变得坚强、凶猛、不可摧毁。所以"鸡汤"只能算作慢火功夫，而"仙豆"，则是一味猛药。

倘若真要说起来，我的人生姑且不说命运多舛，也算得上跌宕起伏。人生的大起大落，在我看来不是什么刺激，而是一次次直指脆弱内心的拷问。每每身处异国他乡，在那些踽踽独行的寒冷长夜里，难免对未来充满了迷茫，心中尽是无助、焦虑，甚至恐惧。许多个瞬间，差点儿便吓得要缩回曾经嗤之以鼻的舒适安逸中去。

但终究，心底的那么一丝不甘心、不服气还是占据了上风，仿佛有个声音不断地在鼓励我：别害怕，这些眼前的困境，不过是纸老虎罢了；一旦你战胜了它们，就会立刻变得更强大。

许多年过去之后再去回想，的确如此。每当各种困难挫折烟消云散之后，回首往事时，都会觉得它们孱弱得可笑，甚至不敢相信自己曾经竟被这些玩意儿吓倒。所以我也深知，每个人的人生中，大约都曾身处过相似的境地，只不过有些人战胜了自我，也战胜了逆境；有些人，却遗憾地选择了放弃，在畏惧中退场。

我写这本书的目的，就是希望给予那些处于同样境地的读者们，一些立竿见影的经验之谈，一些支持着继续前行的勇气。

既然是出于这么一个最简单直接的目的，我便没有选择使用什么艰深晦涩的言辞，也没有引经据典地掉书袋，而是追求简洁明了、通俗易懂。我深知在那样孤独无助的时刻，所需要的是温暖的小屋，而不是高冷的巨塔；是直接有效的帮助，而不是不切实际的空话。所以平白亲切的话语，想必更加适合。

　　同样地，我选择的一些例子和故事，或源于自己的亲身经历，或取材于身边的亲戚朋友，并事先征得了他们的同意。之所以没有放进太多成功人士、名流泰斗们的励志传奇，是因为我觉得他们本就属于广大人群中的极少数，更有着家世、天赋等种种加持。

　　换言之，我想，大人物们的成功或许不可复制，而身边这些寻常故事，人人都可以借鉴。所以用这些触手可及的寻常事迹，更容易说明问题，而不至于陷入空洞的偶像崇拜中。

　　那么，如何才能真正帮助别人走出困境，实现完美逆袭呢？通篇的大道理谁都会讲，铺满每页的名人名言，也无法快速有效地被吸收。因而，在我的大部分文章里，除了讲述一些人生经历而引出的感悟外，还会给出一些方法论，以此来帮助读者更好地解决实际的困难，比如失眠，比如过度焦虑，比如严重拖延症。还有另外一些，算是我的一点儿心得体会，比如读书的方法，比如职场的交际之道等。

　　写作此书，历时一载有余，中途经历了不少困难和意想不到的麻烦，终于还是坚持写作完成。这固然少不了刘一寒的嘱咐和督促，但也算是凭借内心的坚持，了却了自己的一个心愿：许多年前，当有些人用各种理由，加上蔑视和不屑，试图证明我没法靠写作吃饭时，我便暗下决心，要用一本自己写的书还击他们的白眼。

　　人生，本就是一座战场，心中有猛虎，才能无惧于各种逆境。

目 录 Contents

第三章　那些优秀的人，总是做自己

第四章　做清醒的自己，人生才有未来

第一章
世界总在"凶猛"的
人面前俯首称臣

真正的竞争者，

只会凶猛地搏杀出属于自己的一片天地。

当你凶猛时，

这个世界才会变得软弱。

而甘愿成为弱者的人，

永远不会意识到这一点。

● 你的每一次坚持，都是一次看不见的进化

又一次听到小徐的抱怨：怎么办，我觉得现在做的这份工作实在很无趣，更重要的是，也看不到什么进步的空间。

小徐口中的"这份工作"，是一家广告公司的活动策划，而我这里说"又一次"也是有原因的，因为这已经是他毕业后的第五份工作了，关键的问题在于，从他毕业后找到第一份工作，到如今才刚刚满一年……

是的，我清楚地记得，小徐上一份工作，只做了三个星期，这一份还好，"长达"三个多月，而实际上最长的一份，也不过半年多。

每一次换工作，小徐都有着自己看似充足的理由，让我们先听听他的抱怨：比如工作环境实在太差；同事竞争意识太强，总是想着勾心斗角；领导更喜欢照顾那些关系户，努力拼命加班的新人，在领导眼中从来比不上那些自带"亲友属性"的员工。在这样的环境里，

挫折感不断上升，加上领导说话又不好听，经常性地打击小徐的自尊心。

比如，工作压力太大，对工作本身的热情不足以对付每天巨大的工作量。长期通宵达旦地加班的模式对于一个在大学四年自由快活惯了的应届生新人而言，不啻于直接掉入地狱。虽然"吃得苦中苦，方为人上人"大家都懂，但那更像是高层打鸡血般的洗脑，如果一直这么干下去，肯定是未老先衰的节奏。

再比如，工作实在无趣，也看不到自我提升和未来发展的空间，每天都在日复一日地做着相似度99.9%的事情，老员工在混，新员工在学着混，在这样的环境里待着，迟早有一天意志要被消磨殆尽，变得安于现状……

每一条听起来是不是都情有可原？是不是都有的确值得换工作的理由？

凭良心说，我的确也赞同职场勇于放弃，勇于寻找新机会，换一份工作试试的打拼之心，但是这有一个大前提，就是之前的工作真的是职业生涯的一块绊脚石，或者一直从事它所带来的弊端，肉眼明显可见。

若非如此，我们就不该轻易放弃工作。

特别是对于那些刚毕业不久的年轻人而言，他们甚至对于社会，对于职场是怎么一回事儿还没有搞清楚，就先给自己找出一堆理由，觉得自己不适合某份工作。这样的人，要么是心比天高，认为自己是个不得了的人物，哪里都配不上他，容不下他这尊大佛；要么就是喜欢迁就自己，缺乏人生最珍贵的品质之一——坚持。

坚持，看似是一个很大的话题，在具体聊它之前，我想先说某个人的故事。

有这么一个二线城市的大学毕业生，毕业后手握一张师范学校毕业证，却完全找不到工作。他的父亲在他两岁大的时候，借口出门买包烟，就再也没回来……因此完全是他的母亲一个人含辛茹苦把他拉扯大的。

这个毕业生当时已经穷困潦倒，住在一间狭窄的出租屋里，他想到自己大学时期在学校杂志投过稿，当时刊发后评价还不错，再加上他的大脑里充满了各种奇思妙想，因此，他坚定了自己的写作之路，并尝试着通过写稿来赚钱。

然而，最开始他的一些短文稿件投出去都石沉大海，不多的回应都是——你的稿件脑洞太清奇了，我怕我们读者根本接受不来。然而他依然坚持投稿，最终一些杂志试用了他的稿件。拿到第一笔微薄的稿费时，这个初出茅庐的写手差点儿哭出声来。

但是靠着这些稿费，根本连饭都吃不饱。于是他开始构思写长篇小说。

在他写小说的过程中，他的朋友、亲人甚至是他的大学老师都一再苦口婆心地劝说：你不是吃这碗饭的人，你写的那些玩意儿根本不会有人看的，这种风格根本就不是市场主流。如果你真的想赚钱的话，为什么不能找份正经工作呢？

他的母亲虽然并没有反对，但也暗示过，或许可以再去试着找份高中老师的工作，毕竟相比于做写手，还是一份体面工作要稳定得多。

这些打击令他觉得有些心灰意冷，许多个瞬间，他也想过放弃，想过或许自己就不是这块料，但每每这个时刻，他的内心深处就会冒出来一个声音：再坚持一下，说不定下一次就成功了呢？

于是，他又找到了快消失不见的勇气，把自己锁在房间里，继续独自创作着，笔耕不辍……

数个月后，当他拿着人生创作的第一本小说成稿，去找出版社投稿时，对方毫不留情地拒绝了，给出的理由是内容不够大众化，过于晦涩难懂，而且有一些描写他们"不确定"读者会给出怎样的反应。

当时出版社方面还提出一个选择：如果愿意把内容修改成读者喜闻乐见的那些类型，或许可以再考虑一下。没想到，这个提议被他立刻拒绝了，他绝对不愿意为了迎合市场，就改变自己多年以来的创作风格和思路。

不甘心的他，又去找第二家出版社，又被拒了。继续找第三家，再一次被拒……到最后，这本小说一共被拒了三十次……甚至连拒绝的理由都差不多。

巨大的挫败感，让这个性格本就有一些阴郁的年轻人痛苦万分，他坐在空无一人的大街边思考：是否像他这样处于边缘的人，就不可能写出被主流社会所接受的作品呢？一时间，他想起那些历史上穷困潦倒一生的作家的名字，或许还有更多的写手，连名字都没留下来……

是否应该改变自己，去从事那些主流社会所谓"稳定"的工作，而不是坚持自己的理想呢？或者说，改变自己的写作风格，转而去迎合读者写一些媚俗、没有阅读门槛的内容呢？

最终，他还是决定坚持自我，趁着年轻，还是应该坚持自己的理想，不向别人，更不向自己妥协。

当他回到家里时，他发现自己那年轻的妻子刚刚从垃圾桶里把他出门前愤而抛弃的草稿捡起来，并且看得有滋有味。在妻子的支持和帮助下，这个写手再一次修改润色了这部书稿，第三十一次投了出去……

这一次，终于有一家出版社同意出版试试，他们觉得这个讲述一个有魔力的年轻女孩在饱受屈辱之后怒而复仇的故事还不错。

事实证明，他们的选择是对的。这本带着浓郁个人风格的恐怖故事，最终卖出了230万册。这部作品叫作《魔女嘉丽》。

而这个当年默默无闻的另类写手，叫作斯蒂芬·金。是的，我们都知道，后来他终于成了划时代的恐怖大师。

他的小说《闪灵》《绿里奇迹》《小丑回魂》《肖申克的救赎》，都被改编成了电影并成为经典。可以说正是他那独树一帜、强调气氛渲染而不追求简单粗暴的风格，让恐怖小说也成了主流媒体所认可的出版物。

如果他当初没有坚持下去，而是草率地做出一个又一个改变状态的决定的话，或许，我们就不会看到这样一个宗师级的恐怖小说作家，我也会失去一个创作上的导师。

然后我忽然又想到了另外一个人。

他不顾家里的反对，非要去国外念电影学院，毕业之后由于文化、语言的障碍，根本找不到电影圈子的工作，只能在家一边做个"家庭妇男"，一边海量阅读和看片，研究好莱坞电影的剧本结构和制作模式，构想剧本。

他曾经拿着剧本，两个星期跑了三十多家公司，迎来的都是各种冷眼和拒绝。还有一次投资人要求他不断修改剧本，但改完数十次以后，剧本却石沉大海……

这一熬就是六年，在这期间无数人劝他转行，去做那些容易找到工作的行当，比如学个计算机编程什么的，但最终他还是咬咬牙，选择了坚持。

是的，大家想必都猜到了，这个人就是李安。

除了他们，还有更多耳熟能详的名字：J. K. 罗琳、坂口博信、林书豪、哈兰·山德士上校、奥普拉……

虽然上面这些名字，如今都成了各自行业的佼佼者，但是他们的故事却几乎发生在每个年轻人身上。很多年轻人走进社会之后，发现自己根本无法适应，各种挫折和重重困难也扑面而来，这个时候，最容易动摇的，就是自己原本就谈不上坚定的本心。

但是，可能我们都忘了一件很重要的事情：我们的坚持，并不是没有意义的。

生长在野地里的竹子，在生命的前四年里，总共只能长高小小的3厘米，它们看起来如此弱小，如此不堪用，仿佛是自然界毫不起眼的某种生命。

然而，从第五年开始，竹子就开始以每天30厘米的速度急速成长，短短六个星期之内，就能长到15米——一个足以傲视其他植物的高度。在常人眼里，这六个星期一定意味着重大的变化，毕竟竹子的高度正是在这段时间内，才突飞猛进的。然而，事实并非如此，真正关键性的成长，恰恰是那看似不动声色的四年。

这四年里，竹子虽然只在地表上长高了3厘米，但是它的根，却深深地扎进了泥土里，形成了一个庞大的根系，只是人们看不到罢了。

而这，恰恰就是坚持的意义所在。当你在坚持，你在克服那些恼人的困难，你在不断说服自己不要放弃的同时，你的成长，可能你自己都感觉不到。几年之后，你会惊讶于自己竟然得到了如此巨大的进步。

看似枯燥无味，日复一日的工作，培养的是你不断增进的业务熟练度；刻薄的领导、烦人的同事，可以磨炼你的职场心态，以及待人接物的高情商；高强度的工作，带来的是你对抗压力的经验和能力的提升……

这些，或许在你的抱怨和烦恼中，都不会有一丝一毫的显现，只有当你坚持下去，它们才会如同金子般渐渐发光。而反过来，一旦你放弃了、妥协了，它们可能就不会显现在你今后的人生里。

有句话说得很对：坚持，不一定会让你矗立于山巅之上；可如果不愿意坚持，你连靠近山峰的机会都没有。

● 风口变幻的时代，这是最稳的上升通道

在朋友圈发了回国的状态后，上周就有个老同学约我出来吃饭。

说起来，这小伙伴当年跟我玩得相当不错，无话不谈的那种。我还记得他那时候就超爱看书，成绩也好，而且他就坐我后面，上课我俩经常偷偷交流各种刚看来的话题，聊得不亦乐乎。然而我需要扭头朝后面说话，由此可怜地被拎出来罚站的，总是我。

不过，这次我俩见面，离上一次同学聚会竟然过去了十年。

我已经是在海外漂了八年的人，这位老同学呢，也早已娶妻生子。

原本，我还对这次见面有很大憧憬的。他当年也算是博学多才的一位，因此我期待多年后的交流，还能碰撞出一些不一样的东西。

万万没想到，席间无论我聊些什么海外见闻、尖端科技，甚至是过去他最爱的地缘政治，都激发不了他太多的兴趣，反倒是一部无聊

的古装剧引起了他的共鸣。

他剩下的话题，全都围绕着你一年赚多少，有没有交过外国女友，以及其他一些毫无意义的东西。我颇有些不解，当年那个视野开阔的青年，怎么就变成如今这副模样？

后来我终于憋不住问他："你现在还看书吗？"

他像见到外星人一样看我："你在逗我吗？"

我觉得有点儿莫名："你那会儿不是很爱看书嘛？"

他说："早不看了。哪还有那个精力？现在连手机上都坚持看不了五分钟。"

是的，十多年过去，现在的他早已是个每天朝九晚五，回家带孩子陪老婆的都市男人典范。唯一空下的那么些时间，也都交给肥皂剧和足疗店了。

用他的话来说，这叫衣食无忧，得过且过地混日子，又或者，用两个字就足以形容：稳定。

在我看来，这叫一眼差不多看到尽头的人生。一个人再无提升自己的需求，也便失去了继续上升的空间。老婆孩子热炕头固然珍贵，但长久地处于庸常琐碎中难免磨灭一个人的斗志。

曾经有人看了我的知乎答案后问我，为什么你懂那么多？

这么说，我其实是有些惭愧的，很多方面，我至多算是知道，知道和懂之间，隔了一千个伏案专研泡实验室的夜晚。

但我也清楚，从很小的时候起，我便下决心做一个终身学习的人。

春秋时期，有位著名的盲人音乐家师旷。博学多才的他尤其精通音律和琴术，辨音力极强，后来甚至坐到了晋国大夫之位。

在一次和晋平公的对话中，后者无意中感慨道："我今年都七十岁了，想要再学习，恐怕已经晚了。"

师旷却反问道："既然已经晚了，为何不将灯烛点燃呢？"

晋平公不悦道："你这是调戏主公的行为啊。"

师旷淡定地回答："我本就是个瞎子，哪里有调戏主公的心？我听说，少年时喜好学习，就如同初升太阳的阳光一样灿烂夺目；中年时喜好学习，就如同正午太阳的阳光一样强烈；暮年时喜好学习，就如同点上烛火照明。虽然光芒飘忽，但有了那么点儿微弱的烛火，也比两眼一抹黑要强吧？"

晋平公大喜过望："所言真是极妙！"

连古代的君王，都知道终身学习的好处，在如今这个知识信息快速更迭的时期，抱着那么点儿人生经验就停步不前，难免沦为被时代淘汰的人。

在很多人抱怨什么阶级固化，上升通道已关闭之前，能不能先反思一下，自己有多久没看过一本完整的书了？一天有多少时间拿来充实自己，又有多少时间只是盲目地重复劳动？

权力制造出知识，反过来，掌握知识也可以获得权力。这一点，福柯在《知识考古学》中早已有所阐述。放在现代社会的语境下，终身追求知识，才是通往相对自由的途径。

这话是什么意思呢？

以我自己为例。我曾经在一家著名国企工作了若干年，每天的日子大概就像那位老同学一样，朝九晚五，每天做着差不多的事情，活得像一台机器。

下班回家后，也没有多余的精力再去读书什么的，就泡在游戏里直到深夜，再迎来周而复始的第二天。周六周日那么点儿时间，也全部交给酒肉朋友的社交去了。

这样浑浑噩噩过了几年，在这几年中，我一直处于一个痛苦的反思状态：这样的生活是我想要的吗？我获得了什么，我又能通过它达到什么高度？最重要的是，我快乐吗？

那时我还很年轻，我真的不想自己的一辈子就这样搭进去。

当然了，在那样的环境中也有人混得如鱼得水，但喝酒赔笑这些，我又着实不擅长。

于是，我毅然放弃了那份在别人眼中非常稳定优厚的工作，选择了一条提升自己的道路：出国读研。

对于一个工作多年的大龄理工男而言，出国留学也是有很高门槛的。我把工作之余的所有时间都花在了学习英语上，终于把自己的英语恶补到了通过托福GRE的水平。

再之后，海外的经历和更高层次的充电，丰富了我的人生不说，更开阔了我的视野，回首再看看过去那些每日依旧的同事们，我庆幸自己过得比他们自由，也庆幸自己还保留了一股继续向上的冲劲。

正是这股冲劲，让我一直坚持读书看书做笔记，同时云游世界列国扩大自己的见闻。

我的前老板说过这样一句话：知识的获取，永远都是人生的增益。

这一点，我也深以为然。越是在信息高度迭代的时代，知识的重新获得就越有意义。它就好比一把会不断进化的武器，但需要你不停地解锁，拿着最新版本的你，就能轻松干掉拿着旧版本的其他人。

在这个竞争无比激烈的时代，这么做的意义，显然是不言自明的。

更重要的一点在于：知识会帮助你，更接近时代的风口。

我有个认识十年的朋友，过去一直是做石油原料生意的，因为家里有关系，因此前些年过得那叫一个滋润。然而自从2014年年末油价暴跌之后，这个朋友就再也没办法像过去那样接单了。那段时间，他常挂在嘴边的一句话就是：个人和时代大势比起来，实在是风雨飘摇中的一片树叶。后来，甚至听说他去看了半年心理医生。

没想到今年再见到他，照样过得很快活。再一打听，原来他现在已经彻底离开了石油贸易行业，跟一个牛人学了一年半服装制版之后，居然成立了自己的男士外套工作室。

在我看来，这就是知识和学习让人更自由的很好范例。

当你获取了知识，就可以大大减轻环境对你的束缚，一个行业衰落了，大可以在另一个行业崛起。

再想想当年的下岗年代，有多少人从此一蹶不振，又有多少人学习互联网知识，开网店做电商赚得盆满钵满？

或许有人会说，我要终身学习做什么？有那时间我不如多做点儿社交，搞好人际关系比学习重要多了。

的确，有时遇到贵人相助，比自己提升要快得多。

但是有两点你们有没有想过：一是贵人为什么要帮助你？归根结底还是你对他有用，说白了还是需要你有自己的知识，才能够帮助到他。

另外一点，自己学到的知识，永远都是自己的，谁也拿不走。而社会关系这些，终究是不稳定的，当你失去了在这个圈子中立足的资本之后，那些关系也会迅速将你抛弃。

最后，我还是得承认一点，只要是学习，终究还是会相当痛苦的。

我相信很多人，从学校毕业之后，就再也无法承受这份痛苦和煎熬，才选择躺下无所事事地娱乐，选择庸庸碌碌地过完余生。

但是请相信我，和这份痛苦比起来，长期学习带来的整体提升，会给你更多的快乐。

陈景润说："活到老，学到老。"

路漫漫其修远兮，吾将上下而求索。

人生总是学无止境的，终身学习，必然受益终生。

● 最怕的不是失败，而是你不敢拼尽全力

关于失败的教育，可能是贯穿所有人一生的。从小学开始，我们就一直被灌输着各种关于失败的道理，"失败乃成功之母""胜不骄败不馁"之类的名言可能每个人都谙熟于心。然而如今的我常常想，我们之所以会如此强调这一点，恰恰在于越长大我们越会发现，失败有多么可怕。

换言之，随着年龄的增长，每一次失败所意味着的代价，可能是成倍增长的。年少时我们的失败，无非一次考试考砸了，一次随堂小测验没有满分，甚至仅仅是一个手工模型没有做成功。

而成年人的失败，就远不止于此了。

一次重要的考试失败，可能意味着出国的计划要推迟至少半年，可能意味着某个职称评定泡汤了；一次工作上的任务完成失败，轻则遭到上司的斥责，重则直接失去饭碗……

相比少年时代的无足轻重，成年时期的失败，用"牵一发而动全身"来形容，都完全不为过。因为在成年人的世界里，各种事务是相互关联的，生活就如同一个非常复杂的程序主体，每一个细节的成功与否都影响到其他环节：一个看似不起眼的失误会导致工作的不顺利，工作的不顺利会造成作息的不规律，作息紊乱又会影响到身体的健康，长期亚健康的状态更是会导致失误变得更加频繁……

这如同恶性循环一般的经历，恰恰构成了很多成年人生活的一部分。而此时的我们，再也不像幼年时有着父母的遮蔽和保护，我们几乎没有什么可以依赖的，必须亲自为自己犯下的每一个错误承担责任。

越长大，失败所要付出的代价越大，所以我们会更加畏惧失败，变得谨小慎微，唯恐自己一个不小心，就陷入万劫不复的境地……据我所知，这种对失败的担忧，是导致很多人长期处于焦虑状态的一大原因。

曾经找我咨询过的同学小超，就长期被这样的负面情绪所笼罩。小超自称以前不太懂事，读书的时候一直不刻苦，后来勉强读了个大专，毕业之后留在家乡的小县城里做销售。他凑合过日子也还行，但是要说有什么上升通道，就很难了。

这时候一件事情的发生，令小超觉得很受触动，对他造成的影响也很大。

2015年左右，小超在参加同学会时，发现以前念大专时的好几个同学都在一线城市做事，而且都混出了名堂，其中一个还是当年跟他一起相处挺久的哥们，那哥们毕业后去参加了编程培训，之后改行做了程序员，后来在北京一家互联网公司做前端，如今已经做到管理层的位置了。小超好奇地问了问人家的收入，月薪竟然是他的近十倍……

用小超的原话说，知道这些老同学的现状对他产生了极大影响，让他明白自己再也无法像过去一样活了，就连后来他们朋友圈的一举一动，都无时无刻不在刺激着他。

那天之后，小超就一直想要离开自己生活了许多年的小县城，去外面闯一闯。为此，他还请了几天假，特意买了张火车票去北京，去了解那里的工作环境和生活状态。他还问了那几个同学，转行有哪些需要注意的，应该避免哪些雷区。

后来，小超还来问过我从一窍不通到转行学编程的可行性，我当时说其实只要你先入了门，后面边干边学，就算没有基础也没有想象中那么难。那时我真的以为，小超可能会借鉴他同学的例子，去一线城市做个码农，再慢慢寻找扎根的机会，过上一个不一样的人生。

我完全没有料到的是，一年之后再遇到小超，发现他还是待在家乡，只不过换了份工作，换汤不换药，仍然做着很没前途的工作。

于是我问他，为什么兜兜转转了一圈，最后还是选择留在这里？他说，其实当时产生去大城市闯荡的想法之后，每一天他都过得不踏实，不安心。归根结底，他害怕这个决定对他生活的改变太大，他担心失败，一旦失败了，他很难再心安理得地回到家乡。

而且他还给我算了一笔账，一旦做出决定，他首先就需要花费很大的一笔钱：上培训课要花钱，在大城市租房子要花钱，找工作也没那么容易，衣食住行这些生活成本更是这里的几倍。这些钱能不能拿出来？或者说敢不敢拿出来，这可是自己这些年来工作的积蓄，本来是要攒着在县城买房的，如果没有闯出点儿名堂，这些钱都会血本无归。

听到他的这些话，说实话我很能理解，这和我当初选择留学时的心态如出一辙。那时的我也在盘算一笔账，出国留学要花费多少，生活成本有多高；如果奖学金没申请到，最后又没能留下来，或者没能学到什么东西，我是不是就白搭了这么多钱？何况对于刚工作没几年的我而言，当时很大一部分还需要家里的支持，这真的是一笔不小的费用。

但是和小超不同的是，我在犹豫了很长一段时间之后，最后还是选择了去面对这些困难和挑战。你问我那时怕不怕失败？显然我也害怕，也担心，夜里都睡不好。但是我知道如果我因为害怕失败就选择逃避，选择走一条相对轻松的路，我很可能会后悔一辈子。

自然，我无权评价小超的选择，但我能看出他仍然在犹豫和彷徨。显然他也知道，这样的决定会让他永远无法像那几个朋友那样，过上自己打拼出来的人生。

往大了说，或许无数像他这样，站在人生的十字路口不知该如何选择的年轻人，都曾经面对着同样的处境：想往前进一步，各种失败的可能会吓得他畏缩不前，甚至退回原来的地方；想留在原地，又觉得不甘心，不想就这样平淡地过一辈子。

往小处说，在每个人的生活里，都有某个小到甚至不起眼的片段，因为担心失败，就草草选择放弃。就好比我去菜市场买肉，回家发现缺了点儿斤两，我有很大可能会因为担心自己维权失败——收不回被宰的那些钱，而选择放弃维权，就当吃了个闷亏。

正如前文所说，任何畏惧失败的想法，都是人之常情。在不知道自己未来能否成功的情况下，很多时候我们都会假意地安慰自己：万一失败了，我会失去多少多少东西，甚至可能一无所有……所以与其这样，还不如珍惜眼前这简单而平凡的生活。

但是有一个事实是：很多后来非常成功的人，在他们的成长道路中，都曾经遭遇过巨大的失败，有些甚至是灾难性的。然而他们并没有被这些失败击溃，在功成名就之际，他们反而认为这些失败是最重要的一课。

在我看来，虽然我们不谈什么"失败乃成功之母"之类的大道理，虽然失败本身会带来巨大的代价，但是如若在经历痛苦的失败后，仍然能重新振作起来，便得到了宝贵的经验。一帆风顺的人，是永远得不到这样的经验的，唯有失败这位老师，才能教好这一课。

著名的脱口秀主持人奥普拉就是这样的例子，她出道时因为外貌不佳，被各种电视台拒绝，好不容易得到一份工作，又被上司批评主持的风格太过于情绪化，不懂得照顾观众的感受，于是没干多久就惨遭解雇了。

换作其他人，可能这样的失败只会让人知难而退，选择去走其他的路。但奥普拉却坦然面对这一切，这些令人沮丧的经历，令她成了一个坚强的女人，也从中了解到各种人性，这些都有助于她后来的成功。

这就好比一支球队，如果一直打那些很轻松的比赛，轻易就能战胜对手，久而久之他们就会忘却失败的滋味，这时候一旦遭遇强大的对手，陷入了困境中，他们就会很难找到逆袭获胜的机会。因为他们太顺利了，太缺乏从失败中崛起的经验了。

所以小超惧怕失败，宁愿过着没有什么波澜的平静生活，就如同一支永远只会欺负"鱼腩"的球队，他缺乏真正考验所带来的历练，也缺乏面对失败的准备。这样的人生看似平静而稳定，但是一旦遭遇什么大的困境，就可能是致命的。

所以面对可能的失败，我们应该在战略上蔑视它，不要过于担心它所带来的负面影响，而是拿出全部的勇气，拼尽全力去挑战它。只有这样，才不会在自己年老时，为自己那碌碌无为的人生而后悔。

　　无论实现一个小目标，还是追寻人生的梦想，想要逃避失败，显然是毫无可能的。在不害怕犯错的同时，去做最好的准备；我相信，凡是有这样的心态和行动的人，一定可以成功。

● 这七个思维方式，可以真正提升工作学习的效率

我在和不少朋友聊天时，聊到过关于工作效率的问题，当然也涉及学习效率，他们中有不少人都有困惑，觉得自己的效率有些偏低：经常会把精力投入在低效的状态上，或者干脆无法集中精力做好一件事，工作时不知不觉消磨了很多时间，但成效很低。还有一些，是被各种自身或外界的因素所干扰……总之，就是表现得很拖延，久而久之就丧失了工作热情。

那么，怎样才能提高工作效率呢？这个问题，其实不仅仅困扰着那些刚刚进入职场缺乏经验的新手，也令许多职场老鸟头疼，特别是当他们处于瓶颈期，渐渐丧失了工作热情之后。下面，我简要地介绍一些相关的方法和思维方式。

一、在开始工作前，预先思考一下今日完成任务的流程

这个流程，也包括任务的确定，一般情况下，你的上司都会把需要进行的任务确定好，但是对于自由职业者或者其他人而言，这就需要自己来进行一个统筹分配了。即便有一个明确的任务，我们也还是可以细分成一天之内要完成哪些具体的部分，还可以细分到上下午甚至每小时。

在确定了一天之内要完成的任务之后，我们要大概地思考一下怎样去完成这个流程。是的，千万不要拿到任务立刻就开始工作，以为这样可以缩减时间。要知道，预先的思考准备是很重要的，毕竟"磨刀不误砍柴工"。

在这个思考中，你需要确定是否能够完成这个任务，如果不能，需要哪些帮助，这些帮助可以立刻得到吗？完成它们还需要哪些工具，手边都已经准备好了吗？此外，任务的完成过程中，有哪些环节是还存在疑问和不确定性的，如果在完成中依然无法解决，可以有哪些替代的方法来直达目标？

其实熟悉编程的朋友都知道，这个思考的流程大致上就是一个程序跑通的过程，当我们做到心里有数有底之后，除了对完成工作会更有条理之外，也能提升我们的信心和热情度。

二、自觉地排除可能会出现的干扰项，减少工作被打断的可能

很多时候，并非我们自己不愿意全身心地投入工作和学习，而是在如今这个时代，能够造成影响的各种因素实在太多了。不用说大家也清楚，手机就是其中最重要的一个干扰项，对大多数人而言，工作中肯定需要用到它的一些功能，但是其他一些消遣娱乐APP的存在，又会诱惑我们分心。

所以我自己的话，就会准备两部手机，其中一部只安装最干净的工作用APP，只接听电话收发邮件，其他的即时聊天软件，我也会使用工作用的版本，最大程度上精简联系人。工作时或许还好，因为有规章制度的约束；对于自由职业者和自我学习者而言，这些都是至关重要的。

在信息爆炸加碎片化的时代，为了争夺更多流量，任何信息源都会想方设法博取你的关注来制造热点，就连朋友圈都是如此，要想对抗这种无孔不入的干扰，除了自我管理之外，强制地隔绝它们是一种极有效的办法。另外，对于可能会出现的电话，可以在工作开始之前先行处理掉，以免被不断响起的电话铃声分隔工作时间。

三、选择好开始工作的切入点

做好上述准备工作后，就可以开始进入真正的工作节奏了。但是，我发现有很多人在工作时，都是想到什么就开始做什么，或者手

边哪样东西近，就从与其相关的事情开始做，这其实并不科学。

任何工作的推进，都是分为不同部分的，何况我们经常会同时多任务地开展工作。这些任务本身的轻重缓急，和完成的难易度都不尽相同，无差别地开始切入，看起来是在不停工作，实则并不能提升丝毫的效率。

以我个人的经验，在着手最艰巨的任务之前，先把旁枝末节的小任务清除干净，这是一个提升效率的好办法，因为那种任务大头往往需要注入更多的精力，包括百分之百的专注度，此时那些小任务就变成了干扰项，先解决掉为好。

另外，某些需要多次"中断——等待——继续进行"的任务，可以提到前面进行，在等待的过程中，可以顺便完成其他的事情，这是一种很基本的统筹规划思路。切记集中精力做一件事，不要想着一心多用，我曾经写过一篇科普文章，人的大脑机制从来就不可能并行完成多任务，除了迫不得已之外，做好手中的事，其他的事先放一放。

四、遇到困难时切勿钻牛角尖，也不要过于焦虑

可能是那些热血励志片看多了，我自己曾经有个阶段，工作和学习时遇到非常棘手的困难时，总是一门心思想要独自搞定，虽然这样做，当最终完成的时候，有着巨大的成就感，同时对个人能力也是一次提升，但我却忽略了一个问题。

这个问题就是，那个阶段中我本身处于压力不算大，工作的烦琐程度也不算高的状态，所以我还可以用尽一切能力去挑战那些大麻烦。但是，在高强度的工作环境下，当不断出现各种问题时，想要仅凭自己独力去完成，是不切实际的。从另一个角度来说，在复杂而且压力很大的工作氛围中，不断面对难题，难免会增加不必要的焦虑感和挫折感，会让人觉得有做不完的事情，解决不完的麻烦。

这时最好的办法是先停下来，放松一下，暂时把棘手的麻烦搁置。过10分钟以后回来，再重新调整思路，看看之前是不是钻了牛角尖，有没有其他更好的解决办法。人的大脑本身就是需要休息的，如果一直在高度紧张的工作状态，反而会大大降低工作效率。

另外，如果获得他人的帮助可以大大缩短解决问题的时间，就应该毫不犹豫地开口，这时候就不要太顾及面子问题了，最终你需要拿结果和成绩来说话，至于过程，八仙过海各显神通就好。

五、保持简洁而高效的沟通，消除情绪化

我曾经遇到过这样的场面：某人工作时遇到了很多问题，本身就处于极度烦躁的状态，在和其他人进行工作沟通时，总是不断地口出怨言，而不能很好地把问题的本质说清楚，久而久之，和他沟通的人也会产生怒气，这场交谈也就变得更加难以持续下去……

所以，哪怕心里如同吃了苍蝇一般痛苦不堪，也不要把负面情绪

传达给你的同事、上司，特别是那些本意是给予你帮助的职场伙伴。这是一种低效且不成熟的沟通，还会降低别人对你的信任感。

高效的职场沟通，应该迅速把握要交流的信息本身，把你想让对方了解的情况简明扼要地表达出来就好，细节部分只需要让他知道他需要了解的，前因后果中不必要的环节，则不必阐述。还有一个不错的方法，就是用几个关键词来归纳出你想说明的重点，让听者觉得一清二楚，直入问题的本质。

此外，当对方开始说话时，不要总是插嘴去补充修正，更不要急不可耐地打断他的发言，先耐心地倾听，当你百分百确定对方误解了，或者是还没有领会你的意思之后，再在接下来的发言中指出这一点。

如果在交流，特别是多人的会谈中遇到了分歧，不要一味地强调你的正确性，而要把每个人的意见都听取之后，再进行对比和总结。集思广益就是这个意思，很多时候人多力量大，综合大家的意见才能获得更好的解决问题的办法。如果彼此分歧很大，也应该快速结束争执，让拥有拍板权的人来定夺，不要纠缠在一个问题上，非要闹得"你死我活"不可。

六、做好必要的记录，不要高估自己的记忆力

以前我有个同事，每次把重要的事情都记在手心里，当时很多人

还笑话他，说这是小学生的举动。但事实证明，他做事就是比其他人更靠谱，更稳重，几年里从来没有出过大纰漏。

由此可见，在重要的环节记录下关键性的信息，是可以大大提升工作效率的。我们经常会看到美剧和电影里有一面这样的墙（特别是警匪片），它被各种小纸条和照片贴满了，然后还有绳索和记号贯穿其中；这其实就是一种综合性的记录，在国外的工作场合很常见。

须知，人的脑力是非常珍贵的资源，如果有更好的处理方式，能减轻大脑的负担，就不要错过，这样既可以让大脑得到更合理地被运用，也减少了它出错的概率。

七、真正地去热爱自己的工作，而不是当成任务交差

是的，说了那么多，归根结底这一条才是提升工作效率的本质性要素。

只要体验过就知道，当自己对工作充满热情时，所发挥出来的高效是远超个人平均水准的。我自己曾经在忘情工作时，一个星期内就完成了之前根本没想过能够这么快完成的难题。

记住，不要把工作当成自己的敌人，而是尽可能地去享受它。毕竟，当你高效完成工作之后，得到的不仅是升职加薪这些实质性的好处，更是可以让你受益一生的良好习惯。

●你凶猛，世界就会俯首称臣

我相信很多和我同龄，或是更加年轻一些的朋友，都在一种塑造好学生、乖孩子的教育模式下成长：学校里，要遵守各种纪律，轻易不能越雷池一步，学习一定要好，一定要按时做功课，至于其他，牢记万不可令老师头疼就好。回到家里，父母安排一切，自己只管听从就可以了，就算有自己的想法，也会被默认为青春期的叛逆，不值一提。并不需要你有过多的社会接触，管好自己的学习就好了，最好用军事化管理让你和社会隔绝，不是吗？

这篇文章我并不是要来抨击什么教育制度，我只是想说，在这样的成长模式之下，我们很多时候，都在不知不觉中变得软弱，变得容易怯懦，变得无法面对任何真正的困难和挑战。

更重要的是，这样的过程是温水煮青蛙式的，你甚至没有意识到是自己的问题，察觉不到自己那个软弱的内在，却在不停地抱怨这个世界有多么残酷，有多么不近人情，生活有多么艰难……

我认识一对哥们，俩人是高中同班同学，阿顺成绩拔尖，在班上属于呼风唤雨的那种，家里条件也很好，念的是全国TOP20的名牌大学。相比起来，小伍就毫不起眼了，以前学习就不好，常常惹出点儿破事来，老爸还是个嗜赌如命的酒徒，最后还是高考前三个月赌了一口气，才考上了一个名不见经传的二本。

毫无疑问，在进入社会之前，阿顺跟小伍，两人根本不在一个层次上。毕业之后，阿顺如同剧本里写的一样，顺顺当当进了一家银行，踏足人人羡慕的金融行业，而小伍冲破脑袋才终于被一家小公司录用，干着类似打杂的活儿。虽然同在一个城市，但阿顺的工资可能是小伍的数倍。

小伍干了一年之后就意识到，一直待在那个小公司混日子绝对不行，他必须直面自己的人生，而不是把大好的时光都消磨在这种不值一提的工作上。但他深知自己没有什么资本，可谓两手空空，唯一所拥有的，可能就是一腔敢于挑战一切的勇气。

对于一个一无所有的人而言，这世界可不可怕？当然可怕，但是小伍没有被吓倒，他坚定地去做自己想做的事。而令小伍完全没有想到的是，听说他辞职创业之后，阿顺还带着高高在上的态度羞辱了他一通，意思是说，捣鼓那些低端没前途的玩意儿，还不如老老实实做点儿正事。

听到这些小伍只是笑笑，他根本没有在意，类似的言论他早已不知道听过多少，而这和那些他每天要面对的头疼至极的麻烦相比，简直不值一提。

当时谁也不会想到，时间点转移到了仅仅三年之后，这对哥们的处境竟然完全倒置了：阿顺看似顺顺当当地干着银行小白领的工作，但手里毫无闲钱，一套房贷就压得他喘不过气来。而小伍呢？已经经营着一家二十来号人的公司，许多和他年纪相仿的员工，都要围着他喊一声"伍总"。

有一次大家在一起聊天，两个人都喝得有点儿醉了，扶着天台的栏杆，跟我们吐露这三年来的得失。阿顺先是半带着调侃来了一句："小伍我是真的没想到你能搞这么大，这才几年啊，我承认当初我是看错你了。"

小伍没有直接接过话茬，只是笑了笑："顺哥，你看看你的朋友圈，再看看我的，你就知道了。"

我们翻开一看，原来阿顺的朋友圈，大致就是两种内容：一种是晒各种好吃的、好玩的，晒带着女朋友出去玩，各种撒狗粮；一种就是负能量大爆发，骂上司垃圾，吐槽加班，抱怨客户不通人情、胡搅蛮缠……

阿顺好奇地看了眼小伍的朋友圈，发现那里空空如也，根本没有发东西。

看到阿顺那不解又觉得荒唐的眼神，小伍哈哈笑了："我哪有空发什么朋友圈啊，每天忙完了我困得眼睛都睁不开，胡乱吃点儿东西倒头就睡成死狗了。也就是今天聚会，想看看大家这么久都在忙啥，才跑去翻开你们的朋友圈仔细看了看。"

接下来又到了阿顺吐苦水的时间，他说自己也不是没有想过走出体制，去做些自己想做的事，但根本没有那个胆量，他觉得自己连个客户都搞不定，要是自己出去单干，碰到各色人等，哪里应付得过来？要是处理这些麻烦，都像以前对付考试卷那么容易就好了。

小伍却说："你知道吗？就是因为你一直躲在那个安逸的环境下，所以才会害怕这些。因为在你看来，他们根本不是什么客户，本质上，他们都只不过是影响到你完成每日正常工作的一道道试题。同样地，在他们看来，你不过是诱导他们掏钱的一个"人偶"，你们不需要有真正的接触，只要各自把自己的角色饰演好，就可以了。可是对于我而言，所有的这些都是我成长的助力，让我能够更快地看清这个世界运转的本质，所以，我不会厌恶它们，更不会惧怕它们。"

我觉得，小伍的这番话说出了许多成功者的心声，他们不断地和各种人打交道，不断地面对各种麻烦，才能渐渐把握自己要走的路，才能变得更加强大。而当他们自己强大起来，就会忽然发现，原来之前觉得高高在上的那些人，还有那些不可击败的敌人，一下子都变得弱不禁风，甚至他们还会有求于你，围绕在你散发出的光芒之中。

就好比一个固若金汤的城堡，只有你不断凶猛地去冲击它，它才能最终被纳入你的版图。如果你畏缩了，绕道而走，那么它永远都会用最冰冷的一面，阻挡你的接近。

可是有太多的人，就因为自己一路走来都是走在前人设计好的轨迹上，从未尝试过逾越这条路线一步，因此就算发现这条路渐渐变得不好走，也根本没有办法去寻找别的出路。还有一些人，鼓起勇气做出了一些尝试，但骨子里依然是怯懦的，只要有什么大风大浪，就会把他们吓回原本的避风港。

我另一个创业的朋友老顾，曾经遇到过一件事。他在创业不久，刚刚有点儿起色之后，就遇到了行业内的一个算是巨头的对手。以这个巨头当时的体量，可以轻松地弄死他的公司，只不过像他这样的公司太多了，他的公司还没有引起巨头的重视。

这时候，公司内部出现了不同的意见，不少人认为，保持这样的现状就好了，在巨头的夹缝中生存，至少不会引来这个庞然大物的注意，而让公司走向死路。但老顾却不这么认为，他觉得这样做的话，无异于在一个巨人的脚趾间发芽求生存，就算今天侥幸没被踩死，也根本无法成长为参天大树。

所以，老顾选择了直面这个对手，既没有认尿，也没有安于现状。果不其然，巨头发觉了这个看似不起眼的对手，但是他们很快也意识到，花费资源去剿灭老顾的公司，并不划算，于是他们主动伸出了橄榄枝，说想要搞一个合作。

这个合作，就是双方共同建立一个新的公司，两边都入股，相互共享优势资源实现双赢。

听起来的确很美妙，老顾公司大部分人也都接受这个方案。但是，老顾却出乎意料地拒绝了。原因是，在他看来，这样的合作根本不可能长久，对方体量太大，一定会凭借自己的体量占据新公司的绝对主导，到时候，自己这帮人就会变成彻底的傀儡，想做什么都会处处掣肘，沦为替巨头打工的"马仔"。

据说那天老顾的拒绝，让巨头的代表们大跌眼镜，却也无可奈何。结果几年过去之后，巨头内部结构改造转型，放弃了这一块，老顾的公司却做得风生水起。时至今日谈到曾经那个庞大的对头，他依然心有余悸，但他也庆幸自己做出了强硬的选择，宁可站着死去，也不能被屈辱地击倒。

在我看来，老顾这样的人，已经属于那种可以独当一面的猛兽，达到他那样凶猛的程度，世界会用完全不同的姿态来回馈他。而比他更凶猛的人，又会达到更高的高度，看到更不一样的格局，上升到更高的阶层。这样的事情，古往今来，在无数成功者身上都发生过。

写到这里，我又想起留学时，一个很厉害的前辈跟我说过的一番话。

他说："那些优秀的人最强悍无畏的一面，是去挑战这个世界的秩序。上百年来，有多少一贫如洗的移民，掏光了身上所有的钱，搭了条船就去闯荡。哪怕这里已经被多少先行者，多少既得利益者布下了重重障碍，但都挡不住那些最勇猛的人，硬生生杀出一条血路。"

当时他指着远处的天际线说，你看那里每一点亮光，都是一个勇敢者留下的传说，你看到的优秀的人，没有一个不是打破了前人制定的所谓"规则"才走到今天的，毫无例外。

多少年来，每当我觉得软弱无助，想要找个避风港停下歇歇的时候，都会回想起他的这些话语，又重新激发出身体里潜藏的那些斗志。

这个社会，本质就是一个竞争的社会，你想要靠着别人吃剩下的那些残羹冷炙活下来，当然可以，甚至你还可以自以为自己过得不错。但是真正的竞争者，只会凶猛地搏杀出属于自己的一片天地。是的，竞争太激烈，地盘太难抢，他们多少次舔舐自己的伤口，多少次差点儿倒地再也无法起来，但却从未丧失过内心对于成功的渴望。

毕竟，当你凶猛时，这个世界才会变得软弱。而甘愿成为弱者的人，永远不会意识到这一点。

● 优秀的人，从读书开始

不谦虚地说，阅读就是我生命中保持热情，满足我强烈好奇心的一剂灵丹妙药，许多朋友也羡慕我那种能一坐就连续几个小时盯着一本书看不挪步的劲头。因为，我深知在这个信息爆炸，碎片信息充斥各种渠道的时代里，能够坚持阅读，保持多年来的阅读习惯，会令我受益匪浅；实际上，也只有读书才能建立系统性的知识。唯有读书，才能让知识入心，而不仅限于了解一些边缘的、浅薄的知识和信息。那么应该如何读书呢？

一、开始阅读之前，调整好自己的心态

我相信很多人都有相似的体会：随着年龄的增长，愈加难以静下心来看书，总是看几页就分心了，想着其他的事情，有时候又忍不住

拿起手机瞟两眼，聊几句天刷一会儿网页；而看书的节奏，便被彻底打乱了。如果阅读的介质是手机或者平板电脑，受到的干扰和诱惑便更大，连读一本好好的书也变成了碎片化阅读。

浮躁吗？浮躁。该自责吗？倒也不全是我们自己的责任。

毕竟正如开头所说，这是这个时代的特性，我们的万分忙碌和时时存在的紧迫感不断暗示自己，拿出大块时间来阅读是很奢侈的。而那种碎片化的阅读恰好可以补足这种心态：我不需要花费多久，几分钟就可以看完了，不浪费多少时间。

然而事实上呢？碎片化的阅读并不能取代真正意义上的传统阅读，效率和收获也是不可同日而语的。虽然我并不排斥碎片化阅读，但是在正式看一本著作之前，还是应当先调整好自己的心态，让自己处于一个安定、平静，可以长时间专注的状态下，然后再开始阅读。

如果对于做到这一点有困难，可以尝试去图书馆，或者大学的自习教室看书，当周围的人都在静心看书时，也同样会影响到你的心境。如果因为心事重重而根本无法安心阅读，那么就先解决困扰你的麻烦，等到心态安定了，再开启书扉。

二、选择适合自己的书，循序渐进地阅读

还记得我很小的时候，翻书柜发现了一本《三国演义》，当时被里面的插图迷住了，就尝试着阅读，然而文体对于当时的我而言，显得过于艰深了。恰好这时我父亲看到了这一幕，就让我先别看这本，因为我年龄太小；转而塞给我一本《上下五千年》，找出东汉三国的那一册，果然看起来轻松多了。后来又看了《三国演义》的连环画，在这个基础上，我在比一般孩子早得多的年纪，就自己通读了全本《三国演义》。

举这个例子的目的，就是想说读书应当循序渐进，根据自己的实际水准来选择阅读的书。我知道有些朋友喜欢参考别人的书单，拿来直接就用，盯着一本晦涩难懂的书啃了半天，明明看得不明不白却不肯放弃。这是一种非常低效的阅读方式。

每一本书的内容，都有着与之匹配的背景知识和阅读基础，如果对这些不够熟悉，就应该去寻找浅一些的同类书籍作为铺垫。如果一本书的交叉内容太多，就应该先把这些内容对应的基础读物通读之后，再去阅读那种建立在其上的交叉型内容读物，否则，那些缺漏的信息点就会对阅读造成巨大的障碍。

怎样才算循序渐进呢？我举两个例子，作为参考。比如之前有个对世界历史不太了解的朋友向我咨询，说他看任何关于世界史的书，都会觉得非常痛苦，根本不知所云。我当时给他的建议是，先去读房龙的那本《人类的故事》。这本书相当于给孩子看的世界史读物，脉络整理得很清楚，故事讲得也浅显易懂，可以作为想了解世界历史的人的入门读物。

关键是，通过阅读这本书，你可以了解自己究竟是否真的想去读关于世界历史的内容，毕竟这算是一本启发兴趣性质的读本，如果依然看不下去，那么还是暂时不要深入了。同样地，对于哲学感兴趣的新人，我会推荐去读《苏菲的世界》。

如果发现自己很有兴趣，很快读完之后，可以选择浅一些的《世界五千年》，或者深一些的《全球通史》。有了这样的基础后，就可以去读那些断代史、文明史了，比如《欧洲中世纪史》《古代文明史》《现代世界史》等。在建立了完整的历史架构基础，了解了历史的走向之后，再去阅读各国的国家史，以及建立在此之上的细节性著作，比如关于罗马帝国、"二战""冷战"之类的内容。

有了深厚的历史知识储备之后，去读文化、经济、政治等内容，包括一些理工科的内容，都会变得更加容易了，这就是循序渐进的阅读所带来的好处。

三、不要求速度，精读才能真正掌握一本书的内容

每当看见网络上有些人吹嘘自己一个月看了多少本书，或者一晚上看了多少页书之类，我都会觉得这种吹嘘毫无意义。说实在的，读完一本书，和真正读懂一本书，完全不是一个概念，更不用说可以领会理解书中的关键性信息，在必要时刻拿出来灵活运用了。

诚然，对于通俗小说，抒情散文，或者是网文之类作为消遣的阅读，快速地通读不是问题；但是对于那些信息量巨大，条理清晰，接

近学术著作的经典，想要真正看明白，就需要精读，甚至是查资料、做笔记了，否则，就会变成"好读书，却不求甚解"的囫囵吞枣型阅读者。

就拿上面所说的《欧洲中世纪史》为例，这本书里有大量的古代人名、地名，包括国家以及城邦的名字，当我初次阅读时，一下子接触到许多陌生的名词，不但很难记住，而且还会混淆。于是我就把每一个陌生的词都在网上查询了一下，弄明白相关人士的生平大事，相关地点如今位于哪里，在地图上找到相应的位置……这样对于记忆和理解，有了很大的帮助。

而且根据我的经验，当大量阅读之后，一个相对陌生的词在一本书的不同地方，或者在不同的几本书中都出现了之后，你就会对其产生很深的印象，并且转化为自己知识储备的一部分了，这也是记忆曲线的作用所在。

四、适当挑战艰深的阅读，收获会超出你的想象

不少朋友跟我提过，有时候看一本书非常吃力，看了几页就不想看了，实在没那个耐心。这个问题我也遇到过，大都是一些需要一边看一边进行大量思考分析，看到后面还要回看前面总结的书，有一些甚至每一章节后面还留有习题。在我看来，如果你已经克服了第一条提到的心态浮躁问题和第二条的知识储备不够的问题的话，大可以坚

持一下，挑战一本需要耗费大量脑力的书。

这样的书往往都是作者的智慧结晶，是凝练了他们长期思考的核心元素之后，才能够产生的作品。这样的书虽然起步困难，但是当你理顺了作者的思路，跟随其思维路程一起前行之后，就会柳暗花明，仿佛一下子看到了新的世界，而且越读下去，那种激荡的头脑风暴越发令人欲罢不能。

如果你问我什么样的书可以归入此类，侯世达的《集异璧》算是我读来感受最深的一本。

五、轻重阅读，需要搭配着进行

毋庸置疑，看艰深的书籍是需要耗费许多脑力的。烧脑之后也需要消遣，所以，我的选择是把轻重阅读间隔着，交替来进行。比如看完一本福柯的《规训与惩罚》，接下来就来本帕慕克的《我的名字叫红》调整一下思绪。这样才能更加高效地阅读，也不至于觉得过于疲惫困乏。

如何定义轻重阅读我觉得各人自有主张，在我个人看来，普通（非经典）小说、散文等，包括推理类小说、历史类小说等，大都可以纳入轻阅读的范畴。而很多非虚构类的，比如科普的物理生物，或是文史专著一类，包括心理学、经济学等，都可以归为重阅读，需要一边逐章做好笔记，一边耐心深入理解。

至于更加专业的，比如教材或者学术著作，那就更加需要放慢脚步，一边练习一边进行了，必要时还需要去听课或者培训。比如IT类的教学，没有亲自实践搭起环境操作，光靠看书是没有什么效果的。因而，在进行这种学术性质的充电之后，看一些轻松的书作为消遣，是很理想的选择。

六、开卷有益，不要过分强调读书的目的

在我看来，每个人的一生，如果能够保持持续阅读的习惯，无疑是大有裨益的。但是有些人为了追求快速的自我提升，读书的目的性过强，这也不是什么好事情。为什么这么说呢？因为很多这么做的人没有意识到，如果过于强调读书的功利主义，就会陷入一个难以辨别书中内容正确性的状态，说不好听的，就是"中了魔"。

我一直很重视辩证地看待问题，以及批判性的思维，即便是读书，也不能忘了"尽信书，则不如无书"。我们用今天的目光去审视很多前人的作品，会发现里面有失偏颇的地方也有不少，而带有功利性质的阅读，往往为了追求效果和速度，就会忽视这些。

所以，读书要选择看什么书，更要扩大自己的阅读范围，不要只盯着某个类型，或者某个领域的书不放。开放性的思维，需要开放性的阅读。

说完了这些读书方法，最后我还想再强调一点，读书是种学习，

实践也是一种学习，能够把读到的知识和自己的实践结合在一起，才能够更好地理解这些内容。所谓"行千里路，读万卷书"就是这个道理。

●为什么有人可以做到"终身学习"？

每逢旅途中乘坐长途高铁，我都会选择随身带一本书，偶尔翻开看上数页，偶尔一边远眺风景一边思考伴随着阅读而来的想法。这种时光大多都是一个人的独自消遣，记忆里好像只有一次例外。当时身边坐着一个年轻人，看样子应该是公务出差的那种，坐了半个多小时，见我一直在看书，便好奇地问我在看什么。

我合上书翻到封面那页，告诉他是曼昆的《经济学原理》。他若有所思地想了下，然后问我，"哥们你是学经济的啊？"

我回答："不是，我是个工程师。"

他愣了一下说："哟，同行啊，怎么还有兴趣看这个？"

我实话实说："一来觉得自己一直缺乏比较系统的经济学知识，二来觉得这本书写得确实好，看了一章就入迷了。"

那位工程师有点儿不解，在接下来的交谈中，他一直在追问我几乎相同的问题：为什么已经有了稳定的工作，还要去学这些看似不着边际的东西。在他看来，出差路上打发无聊的方式有很多，翻翻手机，打打游戏，或者看个电影什么的，何苦还要看理论性这么强的书呢？

一时间我也不知该如何回答，我很想直接告诉他，就是觉得看书很有趣，在不做本职工作的空闲时间里，能学到其他领域很专业的知识，对我来说就是一种消遣，但是又觉得他不一定能理解我的切身感受。

于是想了一会儿，我说："大概是习惯了吧，能从中找到乐趣。"实际情况的确如此，想想自己真的习惯于一种保持学习的状态，这种自发性的知识汲取，会既令我觉得充实，又能激发出我更多的兴趣。

我知道，对于学习很多人可能都很厌恶，甚至恐惧，我自己曾经也是这样。

念大学的时候，我有一段时间忽然觉得很迷茫，不知道自己学习的目的究竟是什么。特别是那时我参加了一段时间的实习，一方面觉得实习中所接触到的工作和大学里学到的专业知识之间，关联性并没有想象中的那么强；另一方面，有不少实习公司的前辈都一直在给我灌输这样的理念：大学里学到的知识，在真正的工作中只能够运用到很小的一部分。

这让我之前的观念受到了很大冲击，加上那段时间感情也不顺利，情绪有些不佳，因此忽然觉得学习似乎也没什么用，就是应付个考试，真正的工作中谁会需要用那些知识呢？甚至觉得中学时代学的东西，也全都是为了对付高考用的……这样的思想一旦产生，久而久之就出现了厌学，甚至惧怕上课的情绪。

可是直到我真正参加工作，才发现真实情况并非如此，比如某次出差，在工作现场遇到了困难，自己想尽了一切方法也无法解决，后来只好电话求助前辈同事，在他的耐心帮助下，才终于搞明白了问题所在。解决了问题之后我一寻思，这个问题好像大学某个专业课上也讲过，然后找到那本教材，发现真的有非常相似的内容。

在这里我倒不是要讨论具体工作实践和课堂教学的关联，而是想说，自己觉得没用的知识，其实并不知道某天就能派上用场。或者说，某些从来不知道具体用处的知识，其实在潜移默化中已经进入了自己的知识架构、知识体系，甚至在自己意识不到的情况下发挥着作用。

再说那个我打电话求助的前辈同事，其实我一直都很佩服他，因为后来我发现他属于那种终身学习，并以此为乐的人。而且我发现，他不但专业领域技术精通，在其他很多意想不到的方面，也所知甚多。

这大概就是他总是心态很好，遇到什么问题都不会过于慌张的原因吧，有深厚的知识体系建构，胸有成竹，解决问题的能力就会比毫无准备的人强得多。

从他那里我还发现了一个道理，就是当知识体系建立得根基稳固、枝繁叶茂之后，再去学习新的知识，哪怕是完全不同领域的知识，也会变得越来越容易，毕竟，很多事物的运转规律都是相似的，一通百通的事情并不少见。

反过来，不断增多的知识也会互相影响，强化知识体系本身。比如我有一个作家朋友，曾经是标准的文科生，学生时代偏科偏得非常严重，但是在后来的小说创作中，他发现如果没有一些理科知识的积累，写出来的很多东西都无法令人信服，而且很多常识性的东西也会出错。

于是这位朋友就买了本高等数学，到自家附近的大学里去旁听高数，听了一学期之后，用他的原话说就是：自从了解了微积分的思想，学到了一些理科的原理性知识之后，好像整个世界观都不同了，后悔以前没有好好学一学数学。

但是这样的学习模式，有些人可能会觉得很不理解，特别是一些已经步入中年，或者成了家有了孩子的人士。他们的生活压力已经很大了，每天要早出晚归地工作，晚上回家还要做家务照顾孩子，说不定还要搞搞子女教育，老人家那边也要经常走动走动，哪有什么精力再学习呢？

这样的想法也很正常，毕竟如今人们生活压力越来越大，可能好不容易有点儿空闲时间，能打打游戏，玩玩麻将消遣下就不错了，看书学习？不啻于"何不食肉糜"式的奢侈，看半页就睡着都有可能。

于是我们更常见的一幕幕，往往是这样的：上班想着能混一下就好了，满足最低的任务要求，不被领导批评就行，能怎么省力就怎么省力。下班之后，全身心都渴望放松，把所有的时间全部放在游戏、打牌、综艺和追剧上，想着休息没多久又是忙碌的一天，就觉得得过且过便好。到了周末，除了睡懒觉之外，剩下的时间全部交给喝酒吃饭朋友聚会……

但是，我并不觉得所有人都真的如他们自己感觉中，或者自我描述中那么繁忙。在我看来，很多人其实只是用自己生活太忙、太累为借口，掩盖自己不思进取的事实。的确，工作了十年左右的中年群体，家庭、事业都会进入一个相对稳定的阶段，称之为瓶颈期也好，说是舒适稳定期也好，这个阶段其实很特别。

在这个阶段中，有一些非常明显的特点：你可能不能再从学习当中立刻获得明显的自我提升了。也就是说，到了这个阶段，学习什么只是修修补补，不会让你有那种年轻时期学习充电，瞬间能量满满的感觉。并且在这个阶段，学习所带来的提升，很可能并不如一些通过其他方式带来的提升那么明显：比如社交人际网络的构建——通过喝酒吃饭这些应酬所获得的人际关系的价值，会显得比自己学一些东西有效得多。

再者，到了这个阶段，除了精力不济之外，学习能力的下降也是显而易见的——这其实也是由生理原因导致的，到了一定年龄之后，人的注意力、记忆力、思维的活跃性全部都下降了，再有像以前那样学习的劲头，也很难了。

但是，这就意味着，学习没有意义了吗？绝对不是。

请你相信，就好比那句老话"开卷有益"一样，任何微小的学习，都会给你带来意想不到的收获。哪怕你只是利用些许的碎片时间学习，看一些你自己都怀疑究竟是否有用的知识，都比把这些时间全部浪费要好。注意，我说的是"全部浪费"，适当的消遣和娱乐当然无可厚非。

我有一个朋友在银行工作，按照常理，他的职位基本和IT技能风马牛不相及。但是这位朋友却觉得现在是互联网时代，不补充一些IT范畴的技能，可能就落伍了。就是这种原始又朴实的想法，支撑着他一直在学习关于编程以及大数据的知识，还会经常找一些行家请教。

后来，他的公司需要提拔一个高级管理人员，其中有一个要求就是掌握一定的IT技能，因为需要管理一个智能投顾的新上马项目，经过层层选拔，这个朋友成了最后的那个获胜者。当他兴奋地告诉这个好消息时，我并不觉得吃惊，机会总是留给有准备的人，像他那样一直在做着准备，成功了也不稀奇。

当然了，这个励志的故事也给了我很大刺激。因为到了某个阶段，并不是简单地拉拉人脉网络，走走关系，靠点儿门路和裙带关系就可以的，它需要的是有真才实学，真正具备那个能力。而且在我看来，这样的情况在未来只会变得越来越多，甚至你有关系的同时，自己也要有那个本事才行，所以，学习从来都不会没有用。

更重要的是，保持学习的习惯，就相当于让你一直保持一股向上的劲头，让你不会懈怠，不会觉得浑浑噩噩，不会产生"就这样吧，我这辈子就这么混着了"的负能量。保持学习的习惯，会让你每天都很充实，不会觉得空虚，更关键的是，它本身就会给你带来意想不到的乐趣。

人，不是靠他生来就拥有的东西，而是靠他从学习中所得到的一切来造就自己。

第二章
抓住本质的人，
才能征服世界

很多人看似总是在贯彻着战略上的努力，
实际上却不能坚持做好哪怕一件小事。
说白了，这是用投机者的心态，
掩盖自己根本没有战略思维的本质。

● 你也配谈战略思维？

雷军有句享誉整个互联网的名言："不要用你战术上的勤奋，去掩盖你战略上的懒惰。"

此言一出，无数人士奉为圭臬，仿佛一瞬间大彻大悟，终于明白了一直以来自己混得浑浑噩噩的原因；无数人在那一瞬间，似乎终于找到了自己要打拼的方向。

这句话有没有道理暂且不论，我们先来聊聊两个创业者的事情。

第一个创业者，简称A同学好了。从大学期间，他就不停地关注各种互联网、时政、财经新闻，每天都混迹于各种创业者论坛，想要获取最新的资讯和小道消息。毕业之后，他立刻义无反顾地化身为青年创业者，加盟过互联网P2P理财，干过微商，做过代购，甚至还尝试着干过一阵子直播经纪人。

为了找到下一个风口，A同学几乎疯狂。

然而至今为止，尽管他挂名了无数的CEO/COO/CFO之类看似荣耀的头衔，但A同学创业的公司却从未超过4个人，至于他创业成功与否，我无从准确判断，我唯一知道的是，上一次我见到他时，他依然住在一间租来的60平方米的公寓内，过着粗茶淡饭的生活。

也许某天，他真的会撞见那个让他爆发起来的风口吧，谁知道呢。

再说说B同学。这位同学毕业后，就在通信领域一家全国有名的企业做销售，在这家公司工作的五年里，他过着枯燥无味的生活，明明看不到太多上升空间，却一副死心塌地的样子。不过至少靠着工资，他在这座一线城市早早就贷款买了房。

有一次，我和A同学聊到B，他的看法是，全中国有无数像B这样混吃等死，一辈子只追求安稳生活的人。他们的思维都是僵化的，属于上一个时代，甚至是计划经济时代留下的余孽。A同学的言下之意，像他自己这样敢闯敢拼的人，才是符合如今这个时代的。

然而就在前年，这位B同学刚当上销售经理半年，居然不可思议地辞职了。

起初听到这个消息，我几乎不敢相信。因为其实我也认同A同学所说的，B同学这么数年如一日地工作，难道不就是为了谋求一个中层干部的职位吗？

然而B同学并未践行这条"我们默认他一定会这么走下去的

路"，而是自己和几个合伙人，开始创业，开了一家无线通信用品的销售代理公司。今年过年期间，在跟他的私下交流中，我差不多可以肯定一点，他现在的收入至少达到了百万级年薪水平。

那次交流中，他还跟我说，之前在那家大公司一干就是五年，只为了一件事：铺路。

所谓铺路，就是学习别人既有的经验，收集必要的信息，掌握自己所需的人脉和渠道资源。当所有这一切他觉得已经积累足够时，水到渠成之后，自己再去创业才算是有了基石。

现在回过头，我们再来看雷军的那句话，毫无疑问，这句话是有道理，有深刻意义的，是高屋建瓴式的一句名言。

但问题是，战略的高度，这东西绝不是与生俱来的。这种商业奢侈品一样的东西，又岂是那些创业小白可以轻松获得的？

讲道理，像雷军这样大学就深耕技术，在金山打拼了十多年干到顶层之后，才自己出来创业并一举红遍天下的互联网巨头，他可以站在战略高度上，大谈战略思维，但你真以为你也可以？别逗了。

换言之，就算你明知道不能用战术的勤奋来掩盖战略的懒惰，可是，你又怎么才能在战略上勤奋起来呢？面对着时代的瞬息万变，一个普普通通的底层创业者，没有足够的积累，没有丰富的经验，所谓战略上的努力又从何谈起呢？

更不用说那些每天在人生十字路口迷茫困惑的年轻人，连找工作还是创业，继续读研还是出国留学都不知如何是好，他们何以能够站在战略的高度，去规划自己的人生？

再来看看那两位同学吧。B同学选择先去一家大公司工作，看似在给人辛勤打工，但立足于一个大平台，能给他带来很多大平台才有的经验和资源。这个大公司大平台对他而言，就相当于一个成功者性质的导师。

而A同学呢，说实话像他这样毕业就创业的，并不乏成功者。但道理其实也是一样，所需要的是踏实地坚持自己的路，而不是见到别人开网店赚了，就忙着开店，见到别人直播火了，就立刻见异思迁。

这样的人，得到一个小道消息，就以为发现了一片蓝海，发现了下一个风口。看似总是在贯彻着战略上的努力，实际上却不能坚持做好哪怕一件小事。

说白了，这是用投机者的心态，掩盖自己根本没有战略思维的本质。

因此我们或许可以这么认为，雷军的那句名言，是说给他那个层次，或者至少是打拼努力过，小有所成的人的。至于初出茅庐的年轻人，就别考虑什么战略不战略了，先踏踏实实做好最普通的小事，能坚持下去再说吧。

过多地在意自己做的事正不正确，符不符合战略思维，反而会做什么事都瞻前顾后做不踏实，以至于陷入一种茫然无措的境地。

没错，在风口上，猪也会飞。可是更多的猪，还没找到风口的方向，就死在了屠宰场里。

● 为什么大城市才是成功者的最佳土壤

我知道，许多人包括我自己在内，至少在某个时期，都曾经无比渴望自己能够获得成功，或者说，至少希望自己能够成为一个厉害的人。我们曾经渴望自己成为一个伟大的科学家、顶尖的程序员、优秀的创业者，然而有些时候，哪怕这些并不算艰难的目标，依然成为遥不可及的梦想。

我某个朋友小张，是一个从某211大学毕业的设计专业学生，在长三角某准一线城市工作了三年之后，她忽然觉得自己可能真的不属于这座城市。因为，每天都在辛苦中度过，隔三岔五地加班，对于新人来说巨大的工作压力，还有同事间难以相处的人际关系……而拿到手的工资，扣除房租和生活费之后，剩下的并没有多少，想要靠这些钱积攒下来在本地买房，几乎是不太现实的事情。

"连房子都没有，我觉得自己始终在漂泊，没有一天真正地觉得安定，"在一次聚会中，我们听到了小张的感叹，"我觉得自己始终是外人，没有归属感。"

后来，小张如当时铺天盖地的新闻标题"逃离北上广"所说，离开了那座准一线城市，那里的好山好水和巨头互联网公司，都没能够挽留住她。回到家乡那座可能连四线都不算的城市之后，小张找了当地的一家广告设计公司，一干就是两年多。

这两年里，用小张本人的话来说，拿到手一个月四千多的工资，加上男朋友的工资，在这个城市生活也挺滋润的，平时注意一点儿日常开销的话，还可以办张健身卡，每月看两场电影，每年也能出门去旅游旅游。而且好处是工作强度很低，不累人，还能经常和家人聚在一起。

所以，小张觉得这样的小日子过着也挺舒服的，很快，又成了家有了孩子……

直到某天，一次偶然的机会，小张在微信上遇到了原来那个公司的一个同事，知道了她的情况。她一直留在那座城市继续做设计师，后来又凭借自己的努力，跳槽到了一家巨头互联网公司，做到了还算不错的位置，也在大城市里买了房。

小张最后没忍住，还是好奇地问了她一年的收入有多少，听到那个数字时，小张还以为自己听错了，居然是自己年收入的十倍，这还不算她手上的股票……

那天夜里，小张有点儿睡不着了，她不断地安慰自己，留在小城市也挺好的，努力告诉自己这样的生活才是最适合自己的。但她还是忍不住去翻了翻这位前同事的朋友圈，她发现自己和她完全生活在不同的层次上：姑且不论平时的吃饭娱乐这些物质消费，前同事朋友圈晒的那些去不同国家出差的经历，都令小张感到羡慕——几乎欧洲那几个设计行业发达的国家，她全都玩遍了。

相比起来，最新的那条朋友圈可能给的打击是最大的：这位前同事正在和出版公司策划，要出一本关于平面设计行业心得的图书。

曾几何时，小张也有过那样的梦想，要成为一个出色的平面设计师，在领域内留下一些属于自己的痕迹，她也期望能去那些充满艺术气息的国家，亲眼见一见心中仰慕已久的作品。

然而这一切如今竟然显得那么遥远，想要再去奋斗一下，完全不知道该从哪里开始做起。

直到这天她才意识到，那种想要成功的冲动依然留存在她的身体里，只是已经被如今这样的平凡日子彻底掩埋了。当她还想再努力一下的时候，就会有一个强烈而无法阻挡的声音响彻她的内心：别想什么奋斗了，享受眼前的生活吧，这辈子，你都不可能成为曾经你自以为可以成为的那种人了。

是的，许许多多年少时想获得成功的人，因为跌倒在半路上，便缩回自己的舒适区，并且永远安逸地待在里面，再也没想过走出来。而其中最根本的原因，就是那种对于成功的强烈欲望，已经从他们的体内消失殆尽了。

是的，不要一听到"欲望"两个字，就觉得是不好的词，恰恰相反，欲望从来都是推动人类进步的原动力。从远古时期开始，对于生存的欲望，让人类不断地挑战自然界，武装自己，开发出各种工具和武器；对于食物的欲望，让人类从最开始的素食动物，变成了几乎什么都吃的杂食动物；对于享受的欲望，让人类在"如何过得更好"的道路上从不止步……

如今的我们也是如此，为什么有些人也想成功，也信誓旦旦地列出了目标，写下了计划，最终却不了了之，一事无成呢？因为他们对于成功的欲望不够，缺乏动力。还有更多的人，彻底失去了这种欲望，在他们的心中只有一个念头：算了，我这辈子差不多就这样过了，就这么着吧。

容易满足有时候是好事，但对于一个真正想要获得成功，做出一番事业的人来说，容易满足的心态只会让自己沦为平庸之人。

我认识一个创业者，清华大学毕业，很年轻，但每天至少要高强度工作十五个小时，连吃饭的时间都要一分一秒计算好，一年几乎没有几个休息日。而他的公司已经离上市不远了，自己本人也是业界公认的一个标杆。

去看看那些真正成功的人，为什么他们每时每刻都能保持那种高度努力的状态？为什么他们看起来有无穷无尽的精力？是什么样的动力驱使他们如此奋斗？答案就是对成功的欲望。只要谙熟那些商业故事，我们就会知道，这种欲望在年轻的巴菲特、乔布斯、马云、雷军身上，都能见到。

而许多人可能忽视了一个事实，想要成功的强烈欲望，大多数人只有在大城市里才能够保持，一旦离开了大城市，人的奋斗进取之心，就会自然而然地开始衰退，并且随着年龄的增长和生活状态的固定，最终会彻底失去那种欲望。

为什么这么说？

因为对于一个普通人而言，除了家里本身就有势力有产业，或者是想走公务员这条路以外，大城市有着一切值得他去打拼的优质资源——仅仅凭借这些，在大城市获得成功的机会，就远不是在小城市里可以比的。换句话说，同样一个人，如果他在小城市里可以混得不错，那么他在大城市里往往可以做得更好。

而影响一个人能否持续产生前进动力的主要因素，不外乎两种：内在和外界。在大城市，一个人可以更清晰地看到自己前进的轨迹，像前文里小张那样，只是因为她连最初的门槛还没有跨过，就觉得自己待不住，受不了那种苦，那么自然也等不到升职加薪、成功收获的那一天。而据我所知，许多人在大城市的进步速度，比留在家乡要快得多，这种持续不断的正向激励，会让一个人更容易嗅到成功的气味。

再说外界，相比小城市，大城市有着多出不止一个数量级的机会，就好比同样一份工作，在小城市里求职网站能搜索出来的结果可能寥寥无几，而大城市里却可以铺满好几十页，特别是某些细分领域的工作，更是如此。我有一个亲戚刚刚大学毕业，学的是心理学专业，在她的家乡除了当老师，几乎找不到像样的工作。而在她念书的那个一线城市，她可以去做心理咨询、人力资源、猎头、市场调研、用户体验等。

你们觉得哪里的土壤更适合她去扎根发芽？结果显而易见。对于其他人来说，往往也是如此。当你觉得大城市竞争太激烈，压力太大的时候，应该再考虑一下，这样总比在小城市英雄无用武之地，学无所用、蹉跎一生来得好吧？

更重要的一点是人才等级，大城市就像一道筛子，把优质的人才资源留了下来，把次一些的筛选到了下一级城市，虽然也不乏沧海遗珠，但总体趋势是没错的。如果你甘愿在小城市发展，那么往往意味着你身边围绕着的，也是水准差不多的一群人。

再讲一个事情，我有个前同事，2008年左右毕业的，学的是IT专业，主攻数据库。他当时因为各种原因选择回到老家，找了当地一家IT公司上班，结果发现全公司里竟然没有一个人比他懂行，他熟悉的那些Hadoop和NoSQL等当时很前沿的大数据技术，在公司里完全用不到，辛辛苦苦学到的技能竟然成了"屠龙之术"。试问，在这样的公司待下去，能获得多少长进呢？用到的技术大都是过时的，这也就罢了，他还搞不明白一点，为什么公司里从中层管理者到普通职员，各个都明着暗着排挤他？

有句话意味深长，在一线城市的职场混，别人更看重的是你身上的过人之处，值得他们去借鉴学习的部分；在二三线城市的职场混，别人更看重的是你能不能给他们带来回报，有没有从你身上捞好处的可能；在剩下地方的职场混，别人更在意的是你是否出错了，甚至希望你出错，这样你就不可能挤掉他的饭碗。

对比一下，在什么样的环境里更容易激励一个人走向成功，结果也是不言而喻的。

而大城市里之所以能激发出一个人对于成功的欲望，在于大城市本身就是充满欲望的。我有个厉害的朋友小陶，在上海创业成功的他直截了当地说："当我经过恒隆广场那些琳琅满目的奢侈品店时，就会觉得我想要赚更多的钱；当我参观完商业伙伴外滩边能俯瞰浦东夜景的高档公寓时，就会觉得这才是我想要的生活；哪怕是吃顶级料理、坐头等舱这些小事，都会让我觉得，人生只有一次，为什么我不能想办法过得更好一些？"

我敢肯定，有许多人也有类似的想法，且不说个人物质享受，光是大城市的种种便利，就会逼着他们对自己狠一点儿。说残酷些，我知道有些父母在小地方治不好大病，辗转大城市四处求医，租房找关系把毕生积蓄都花得一干二净；也见过有些父母刚步入老龄化，就能找家庭医生定期检查，还有专业的护理人员按时服务。至于子女今后的发展，想必任何人都明白，不同等级的教育资源意味着什么。

小城市的生活的确安逸、舒服，或许还没有恼人的严重雾霾，但也会把一个人的斗志和成功欲望消磨殆尽。如果你想出人头地，过上不一样的人生，请离开那个令你魂萦梦绕的安乐窝，去看看更大的世界。

● 如何辨别无效的努力

去年夏天的时候，看到一本书是介绍所谓"无效努力"的，当时看到书名，我还有点儿不解：努力这东西，从来不都是顶顶好，顶顶有用的，怎么忽然就变"无效"了呢？咱们看漫画，里面的热血主角历来不都是把"要努力变强啊！"之类的句子，作为不容置疑的座右铭吗？

稍许思考了一下，忽然想起以前的一个段子，顿时就明白了：那故事是说一个山里人要学游泳，但附近别说大海了，连个小溪都没有。没办法，这个人只好端来一盆水，先从水中屏息开始练习，花了好些天，终于觉得自己学会了换气。再之后，又买了个垫子，天天趴在上面手脚并用地划动，想练习游泳的姿势……

剩下的部分不用说了，某天这个人终于来到了水边，当即跳下水想要游泳，结果发现之前花的力气毫无用处，非但不会游泳，反而差点儿淹死了。那么，这个人为了学习游泳所花费的功夫，是不是就是所谓的"无效努力"呢？

不必说，妥妥是的。

但这毕竟是个段子，现实生活中想必没有人会傻到以为靠着脑洞式的练习就可以真的学会游泳。但是，现实中的人，又如何能够鉴别出怎样的努力是无效的呢？何况我曾经说过，只要付出努力，总是会有看不见的收获，也许某些时候幸运之神就会眷顾这些有所准备的人。那么，这"无效努力"究竟是怎么回事呢？

我始终认为，从长远来看，任何努力都是会有收获的，只是有时候它生效得太慢，周期太长，无法满足迫切的需要；有些时候人无法花费过多的精力，在一件短期内看不见成果的事情上，因此，这样目标不明确的努力，在短期内，就可以当作是无效的，或者收效甚微的。

以上，便是我个人对"无效努力"的理解。

好了，说完这些，我们再回归到之前的那个话题，怎么样才能鉴别出，自己正在辛苦付出的努力，是否属于无效努力呢？接下来，我会用一些自己或是身边人的例子，分不同的情况来说明这个问题。

在我读大学的时候，宿舍的风气挺不错，每个人都准时起床，上课，吃完晚饭还会去图书馆上晚自习。在这样带着一点儿竞争气质的宿舍中，自然每个人都在暗中较劲，不愿被其他室友比下去。

半个学期之后，宿舍进行调整，一个室友调离了出去，又从别的宿舍调来了一个新室友。这个室友之前待的宿舍风气不太好，大家每天都想着打游戏什么的，学习的氛围不浓。所以他刚搬来时，总感觉有点儿不适应。

但新室友也是个求上进的人，见我们都那么认真，他也想一起努力。当时我们觉得没什么，但过了一个多月我们发现，他的成绩并没有出现什么明显的提升。新室友自己也比较懊恼，经常跟我们抱怨说，自己可能天生就不适合学习。

然而很快我们宿舍的学霸就找到了原因所在，他从新室友书桌上几乎一整排的各种教参中，随意抽出几本翻了翻，说："你买了这么多的参考书，但其实每本你只看了不超过20页，题目也没认真做过几道，这样肯定没什么效果啊！"

事实就是这样，新室友虽然看起来每天也在看书，也在努力自习，但实际上他只不过是"假装在努力"罢了。

这么说对他或许有些刻薄，但其实我自己也经历过。高三的时候我化学有点儿拖后腿，就报了一个名师的辅导班，去了才知道那是一个人数特别多的班，在一个大阶梯教室上课，去迟了就只能坐在最后。在那样的环境下，听这位名师授课都不太听得清楚，更不用说听明白他说的每个重点了。而且因为人数多，他每堂课只是布置下作业，并不会亲自批改，大部分人都不会自觉完成。

所以，那时候我虽然每周都补化学课，但实际上作用微乎其微，这样的努力就和大学那位室友一样，其意义仅限于让自己心里觉得踏实，认为自己努力了，付出了，至于结果，根本没有细想。这其实完完全全是一种心理补偿的行为，其目的并不是达到努力的成果，而只是为了满足自己的一种心理需求——让自己觉得至少在过程中自己付出了。

实际上呢？不过是一种自欺欺人罢了。

如果说这种"无效努力"的特征还算明显，下面这一种就没有那么明显了。留学毕业后，为了能够顺利留在美国找到一份工作，我们专业的同学都打算去报一个当地的IT技能培训班。这种课程的好处是能够颁发证书，当地的大部分企业也都认可。

在报班时，大部分同学都选择了当时比较热门的几种编程语言，比如JAVA、C#、Python等，只有一个同学选择了一种曾经挺火，但当时早已过时的编程语言。他的理由很简单，就是觉得这个语言是他父亲当年就一直在用的，他小学就接触过，而且他还认为一种优秀的编程语言，是永远不会过时的。

他的坚持不能说完全没有道理，至少他在培训班上的成绩是很好的，学起来很快，自己热情也很高。但是，他在找工作时就遇到了很多麻烦，因为网上大量放出的IT类职位，需要的都不是他这种编程语言。而那些需要用到这种语言的职位，他的竞争对手又都是些干这行干了许多年甚至十几年的人……

碰了不少钉子之后，这位同学终于回心转意去再学JAVA。虽然说由于编程语言的特点，熟练掌握了一种之后再学其他的，上手起来也不会太难，他之前的努力，也并不能算是完全无效的，但至少是绕了很大的一段弯路，特别是在当时急需一份工作的情况下，代价不可谓不大。

这就是我要说的第二点，我们的努力，必须要顺应时代的方向，而不是逆水行舟。在一个很明显的大趋势之下，跟随时代趋势来提升自己，比墨守成规或是坚持自己的所谓原则，要有效得多。

很多时候我们盲目选择了某个方向，闷着头去干，然后看着别人没花这么多力就跑到了前头，便觉得别人是耍了什么手段；殊不知，其实根本的原因，可能仅仅是别人比你更能认清大局而已。

这就是第二种"无效努力"，不能说完全无效，却往往事倍功半，效率低下，久而久之也会让人丧失继续努力的热情。

再来说第三种，也是我的一个朋友，当时他开了一个网店卖儿童文具，一开始也是投入了巨大的精力和热情：对比各个厂家的工艺，到处寻找最低价的货源，拿到产品仔细研究质量，连产品的质检报告都特地找出来看，为了推广网店，他到处加群发链接，甚至把二维码贴在小学附近的路上……可以说，他为了销量想尽了各种办法。

可惜的是，文具卖得并不好，至少与另外一个和他差不多时间段开网店的朋友相比，他的销量可以用惨淡来形容。没办法，这个朋友只好低三下四地找到他那个朋友取经，询问自己究竟哪里做得不对，为什么差距竟然如此之大？

结果人家只用了半天就找到了症结所在：一是他卖的文具上印的

都是某个过气动画里的卡通人物，在他那个年代这部动画很火，但是时下的小学生早就不看了，几乎不认识，认识也不会买，会被别的小朋友觉得落伍。

二是他不了解售后的重要性，客服这一块做得太差了，很多顾客问他一些很普遍很简单的问题，他都不理不睬。而他的朋友恰好特别重视这一块，客服一开始都是自己亲自担当，把每个客户都哄得很开心，遇到质量问题来投诉的也耐心处理，久而久之就培养了一大批回头客。这些人大都是学生家长，后面每个新学期要买文具，第一反应都是去他这里。

得到对方的建议之后，这位朋友还有点儿不敢相信：只是这么两点没做好，最终差距就这么大？事实上还真是的，至少在改进了这两个问题半年之后，他的网店业绩有了明显的提升。

所以说，有的时候，我们总是在一些小细节上花费了大量的努力，却没有把握好关键的几步。那些细节重不重要？显然也不能说不重要，毕竟俗话说"细节决定成败"，但是这些细节上的东西只是旁枝末节，或者说只能起到锦上添花的作用，在关键性问题上你投入的精力太少，则会导致满盘皆输。

还有一种"无效努力"，也是最特殊的一种，我更愿意将其称为"已溢出的努力"。很多人经常会觉得，自己在某件事上已经花费了大量的时间和精力，那么为了更加完美和深入，就会继续在这件事上付出更多的努力。

举个最简单的例子，比如一个小学生，他已经通过上课、做作业，把小学数学的所有内容学得很扎实了，他去考试只要不粗心，就能得满分。这时候他还继续刷小学数学题，最多也只能把小学数学卷子做到满分而已。有这个功夫，还不如去巩固一下语文、英语这些学科。

事实上，到了这种程度，我们已经进入了某个领域的瓶颈期，换句话说，当我们继续努力时，付出和回报是不成正比的。看似我们是在继续深入钻研，但实际上收效并不大，如果我们把这些工作量放在其他事情上的话，效果会明显得多。

由此可见，无效努力可分为"欺骗自己的假装努力""不顺应大趋势的努力""不抓住关键点的努力"和"溢出的努力"四种。不过最后我还是要强调一点，努力始终比不努力要好，就算是所谓的"无效努力"，也只是在短期内，或者具有一定局限性的条件下看，从长远来看，任何努力其实都会有收获。只有自欺欺人的努力算是例外。

● 念大学无用？别拿你的荒废做借口

在接触的一些年轻大学生中间，我能感觉到他们有一个共同的心声：念大学好像没啥用。类似的抱怨还有不少：感觉整个大学都过得浑浑噩噩，根本不知道要干吗，也没有高中时代的那种拼劲，感觉最后四年都白费了。

真的是这样吗？

姑且不给出什么结论，让我们先来还原一个当代"非"典型男大学生的生活：

早上7点的闹钟响了，惊醒后如同触电般立刻按掉闹钟，梦呓般安慰自己：反正今天这门课老师管得不严，应该不会点名。按时起床上课？不好意思，那只存在于昨天晚上为又虚度一日而产生的自责之中，一夜之后，一切归于原样。

睡到日上三竿，才恍恍惚惚起身洗漱，一看时间，赶去上课怕是已来不及，夹着几本书去上个自习？腹中的饥饿感却愈发强烈，干脆去校门外撮一顿。

吃了个十分饱之后，浑身又开始无力，趴在自习教室里随意翻了两页书，昏昏沉沉又睡了过去。醒来继续翻书，却又被前排秀恩爱的一对小情侣搅得心烦意乱，愤而离去，带着一丝要坚持下去的微小毅力，打算逼着自己换个教室继续看书。

宁静无人的教室还没找到，倒先撞着个同班同学：看书？看什么书啊！大好时光不如去网咖联机打游戏吧，老游戏玩够了，这不是还有新游戏嘛！

心中仅有的那点儿坚持，在游戏的诱惑下早已荡然无存，玩得连饭点都忘了，随便叫了个外卖继续"厮杀"，昏天暗地一下午之后走出门外，天色已晚。觉得不过瘾，又回宿舍找到下自习的舍友继续打游戏，一直到深夜。

于是就这么着，终于又到了睡前那个惭愧的时间，空虚、心慌、纠结、痛恨自己：明天，我一定会按时上课，好好看一天书，再不辜负大好时光了。带着这沉重的负罪感进入梦乡，相似的又一天即将上演……

这是男生版，女生版也有，我恰好认识一个算是典型的大三女生小田，她的经历在我看来算是不少同类人的真实写照。

刚进学校时，小田还带着那么点儿高中时的努力，没过半个学期，就被学姐们教唆了：别逗了，你一个女孩子学习再好有什么用？

何况还是个理工科生，除了继续读研、读博，读成黄脸婆，你能咋个出息？你学习再好，找工作的时候也比不过那帮生龙活虎的男生。

小田很不解，这不是应该的吗？不该这样过好大学生活？

学姐们给出的方案很直接：大学就该去做自己喜欢的事情，努力提升自己，学会收拾自己，才能收获一份值得珍惜的感情。

嗯，就差没说找个有钱老公嫁入豪门，少打拼三十年了。

于是，小田开始琢磨怎么化妆，怎么穿衣搭配，这也就罢了，她把这些视为最重要的事情，至于上课考试，反倒成了旁枝末节。以前从来没有缺席过一堂课的她，不但开始旷课，甚至连专业课也不大上了。

她也有着自我安慰：反正我将来也不想做专业相关的事情，不如趁早学一些真正有用的东西。于是，从厨艺班到学日语，再到买了一堆书准备司法考试，小田尝试了各种所谓自我提升的办法，却没有哪一样最终能够坚持下去。

至于感情方面，那也是一团糟，原本就没有多少感情经历的她，对自己也一直不自信，谈的几个男朋友不是坏男生，就是没有什么上进心的颓废少年，不断遭遇失败和打击，小田深刻体会到自己对感情产生了本能的恐慌。

更糟糕的事情还在后面，越是坚持不下去，越是无法按自己的原计划进行，小田就越焦虑，越担心，负面的情绪一直包围着她，身边也没有太好的朋友去倾诉。于是一年之后，小田就患上了挺严重的抑郁症，甚至只能暂时休学。

前段时间我见到她的时候，她才终于毕业，一脸的憔悴，对未来的生活也不抱什么希望，甚至打算回老家随便找个人嫁了……

可以想象，无论是前面提到的男生，还是小田这样的女生，大学生活对于他们而言，的确没用，是真没用。用这样的状态去度过这几年，说是荒废了也没差。

为什么本来代表着美好、向上的大学生活，却变成让人丧失本心，甚至变成虚度光阴的人生阶段了呢？我们不能只是从主观的角度，对当事人进行一番简单粗暴的抨击，这其中也有着一些客观因素。

首先，现代大学的理念原本就是从西方传来的，而这种理念甚至可以追溯到古典时代的雅典学院。彼时的人们认为大学就应该是一个非常自由、非常人性化，可以以自己的意愿来深造的场所。

这个理念一直沿袭到今天，也就是说，一个人去念大学，说明他已经是一个非常成熟的个体，有着自我的追求，才能在那种相对宽松、自由的环境下找到自己的目标。而国内的基础教育，恰恰是靠着强压的单向式教育来完成的。特别是高中时期，基本上每个高中生都体会过那种近乎军事化的严苛管理，题海战术，老师和家长的全方面压力包围……

高中和大学生活的反差所带来的，恰恰是每个高中毕业生在进入大学后不久所面临的迷茫。再也没有班主任、各科老师盯着你不放，取而代之的是下课后拍拍屁股走人的老教授。课后你做不做作业是你自己的事情，考前复不复习也不会有人管你，这样的高度自由，反而会让很多人失去生活的重心。

有人说，你说的都是国内，莫非国外的大学生就不是这样？事实上，在我的感受中，北美的大学管理也很松，也给予极大的自由，但是国外学生从小学到中学一路都是这么自由过来的，他们想做什么，今后想从事什么专业，很早就有了自己的打算。

因此在西方国家的大学里，同样有着挺明显的分野：对自己今后人生规划意识很强烈的，会没命地学，课后泡图书馆，还会专门去找教授问问题；而那种浑浑噩噩不知所谓的学生，也同样会荒废这几年，整日饮酒聚会的有之，沉迷游戏的也有之。

这也便意味着，虽然外界环境的大幅度变化是一个客观存在的事实，但依然不能成为你荒废四年的借口。大学的自由，只是一种相对的自由，如果你真的想学有所成，那么便需要用自己的方式去面对，去处理这种自由。

什么意思呢？举个例子，很多人都觉得间隔年①可以自由地玩一圈很舒服，做些自己想做的事情很舒服。但事实上我认识的那些真正懂得怎样利用间隔年的人，这一年过得比正常的一年还要紧张，还要充实许多，有些人是真正做到了行干里路，读万卷书。同理，大学生活

---

① 间隔年，对应的英文为Gap Year，西方国家的青年在升学或者毕业之后工作之前会做一次长途旅行，以便体验与此前环境不同的生活方式。

也是一样，如何填充这段岁月，是你的自由。是的，你有选择人生的权力，但同时你也有为这份选择负责的义务。

我大学时代也有这样一个人物，他的确很不爱专业课，用他的话说就是当时啥都不懂，家里说哪个专业毕业后好就业就报哪个了。但是整个大学阶段，他都保持着明确的追求，就是创业——从摆地摊做起，积累经验，再一步步找到自己能够如鱼得水的市场。

跟如今的互联网浪潮下的大环境不同，在我们那个年代，这样的人并不多，因此很多人不理解他，包括我在内，大家都觉得他将来必定找不到什么好工作，也看不懂他那么忙忙碌碌每天做点儿小生意有什么意义。

而十年后的同学聚会上，这个同学的身家，可能比我们其他人加在一起还要多。他的谈吐和举手投足间，也有着一般人难以企及的自信。

当然，我并不是向大家推荐他走的路，让大家也都去创业，而是说，事在人为，只要你有自己的明确目标，并且一直为之奋斗前行，那么你的大学就一定能够取得收获，绝对不可能完全虚度。

反过来，很多人给自己找各种借口，觉得不知道该做什么，总是用一种迷茫的态度自我麻痹，实际上只是为了掩盖一件事：你就是太懒了。

是的，因为懒惰，你才会觉得做什么都做不好，哪条路都走不通，因为你甚至连踏上第一步的尝试都没有，又怎么会看到后来的瓜熟蒂落？把大学的自由作为一件伪装自己的外衣，躲在里面享受没有人管的"今朝有酒今朝醉"，才是最终觉得大学无用的真正原因。

醒醒吧，你根本不是迷茫，不是找不到方向；你是对自己的要求太低，对自己的管束太少。只要你真的从一点点做起，坚持下去，不用那些莫名其妙的借口给自己开脱，等你走完这四年再回头看看，你还会说这是一段无用的人生吗？

大学的确自由，但它是给了你一个选择自己将来人生轨迹的自由，而不是给了你一个可以肆意挥霍青春的自由。

● 人是怎样一步一步废掉的？

去年我去了趟美国，从机场打了辆华人开的车回酒店。上了车刚和司机攀谈没几句，就觉得口音特别熟悉，仔细一看，竟然是我刚到美国时，曾经在机场接过我的一个专职司机，叫老赵。

那时候我刚来到这个陌生的城市，人生地不熟，就感受到了老赵的热心肠，他一路给我介绍在哪个超市买菜折扣优惠多，哪家餐厅的中餐做得地道，哪个地方可以方便寄东西回国内，诸如此类。

后来聊得多了，才知道老赵以前也是跟我一样在国内做工程师的，出国后也在当地一家电力设备制造公司上班，被裁员了之后，很长时间找不到其他工作，迫于生计，就到这个华人开的旅行社当司机。头次听说他的这些经历时，我还觉得挺可惜的，好好的一个技术骨干，现在却在做司机，有点儿英雄无用武之地的感觉。

在车上我寻思了下，不知不觉竟然过去八年多了，于是就好奇地问了句："这么些年，老赵你一直干这个呢？"

他说："是啊，这行不景气，找正经工作也没机会，就这么混着干呗。"

接下来老赵止不住地大吐苦水，说干这行也不容易，起早贪黑的，不但要接机，还要兼职负责送外卖之类，忙一天却又挣不到几个钱，自己回趟国看看父母，就把一年攒下来的钱都交待了……

虽然按照他的说法，在这个美国城市干司机这行简直有数不清的各种痛苦，各种辛酸，但我却意识到，他很可能很长时间内还会继续干这行，至少三五年内不会换。

我这可不是瞎推测。因为路上我聊了几句关于当地智能电网升级的相关消息，发现他基本上对此已经一无所知了。更重要的是，行业内新的趋势发展，技术变革之类，他也完全不了解。以他目前的状态，基本上不太可能再像过去那样找到一份技术工作了。

不客气地说，在专业领域内，老赵已经被淘汰了。

显然老赵也明白自己那些旧知识已经忘得差不多了，所以一聊到这些曾经的专业，他就会随便说几句敷衍过去，迅速转移到一些家长里短的话题上，比如，家里前不久出生的二儿子，老婆怎么辛苦，刚坐完月子就去兼职赚点儿奶粉钱，怎么也交不完的房贷之类……

那天晚上待在酒店的房间里，老赵的事情令我感慨万千。诚然，他是一位当之无愧的好丈夫、好父亲，他的子女在这个国度里，可能会过得比他这代人幸福得多，但是，老赵自己的人生，就这样蹉跎了。

不仅是我觉得挺可惜，看得出来老赵自己也是心有不甘。想打破这种困境？非常难。

为什么这样说？是因为类似的遭遇，我自己也遇到过。

当初我刚刚从美国去到加拿大不久，就遭遇了几十年一遇的全球石油价格暴跌，我所在的城市一夜之间无数人失去了工作，全省失业率一度达到60%以上……当时的我本身就是个彻彻底底的外来户，可以说几乎没有任何人脉关系，想找份技术工作，简直是难如登天。我投出的简历别说获得面试机会，连打来问两句的人事负责人电话都没几个。

经济萧条也就罢了，更可怕的是，物价不但不跌还涨，很快我带去的积蓄就要见底了……在巨大的生存压力之下，我病急乱投医，见到网上凡是跟技术沾点儿边的工作都投，没过一周还真有人给我打来电话，更不可思议的是，二话没说就通知我第二天去上班。

去了一看，还真是一家电气设备公司，我那时还以为是自己的学历和在国内的过硬技术背景打动了老板，后来才知道，给我安排的工作根本就不是什么技术活儿，说不好听的，就是搬砖的，而且是真正意义上的搬砖。

整整一天，我就和另外一个五大三粗的哥们一起，从一间霉味十足的破仓库里，把二三十千克一台的旧设备全部搬到外面的皮卡上。时至今日我早已忘了那天一共搬了多少台，我只记得下班回家的路上我整条腿都软了。

作为一个平时80%的时间都是待在办公室里，对着电脑操作的技术型工程师，我承认这种苦力活儿还真的蛮锻炼身体的。

是的，如今我也想象不到，那时的自己还真没觉得有多么苦，毕竟当时身体好，睡了一宿就恢复得差不多了。第二天继续去搬，总结了点儿经验，又找到点儿窍门，居然没那么累了。而且觉得这活儿就是份纯体力活儿，完全不麻烦，给的工资虽然不高，但糊口足够了，还有一些结余。

那么，这份工作我干了多久呢？一个星期。

在别人看来，我一定是吃不了这个苦，怕累不愿意去做这种苦力活儿，但事实上我自己心里清楚，虽然苦归苦，但我发现自己已经越来越适应，甚至我可以预感，如果继续做下去，我很可能会满足于这份完全不用耗脑子，只需出卖体力的简单活儿。

那样的话，毫无疑问我一定会陷入这种看似困顿，实则轻松的舒适区：拿着一份还不错的薪水，做着无聊但又简单无脑的工作，在欧美发达的信贷式消费体系下，透支自己的收入支撑起普普通通的生活，并陷入难以跳出的循环，如此一直生活下去。

正如万能青年旅店的歌词所唱："如此生活三十年，直到大厦崩塌。"

僵化、麻木、一成不变的生活方式，我知道，如果习惯和保持这样的节奏，总有一天我会彻底荒废。那时，我将再也无法拿起书本，去看那些已经有如天书的专有名词；我将再也无法失去这份工作，因为技术活儿我早已干不来，更重要的是失去工资来源将彻底毁灭我的生活；我将在毫无乐趣只为糊口的工作和鸡毛蒜皮斤斤计较的生活琐事中，度过我平庸至极的后半生。

可是抱歉，这不是我想要的人生。

所以从这种趋势刚刚露出苗头开始，我就打定主意，毅然决然地掐灭它。虽然后来的两年都极其痛苦艰辛，但最后终于遇到了很好的机会，得以去做自己真正想做的事情。如果当初没有果断做出抉择，或许有一天我就躺下，终于无可奈何地被生活锁住了吧，我猜。

毕竟，想要实现人生目标总是很难，一步一步废掉却比想象中要简单一百倍。我和老赵的故事，还属于那种在异国他乡的打拼经历，我们原本就在社会的底层，还谈不上什么真正的废掉。可有些人本已取得了一些成就，却没有如他设想中那样到达更高的层次，反而不可思议地不断沦陷了。

我的一个中学同学就是这样的例子。如果没有后来的故事，我可能会把他当作激励我前行的一个典型，毕竟他的经历实在太励志了：从一个原本成绩全班倒数的学生，到中专毕业跟着自己叔叔南下深圳做生意当帮手，再到自己独挑大梁，回到家乡创业开了一家通信器材公司。虽然公司当时规模很小，但他当时所达到的成就，毫无疑问要比我们这些在公司打工的同学高多了。

所以当我后来听说他公司破产，重归一贫如洗的状态时，简直有点儿不敢相信。直到我知道原因才深感惋惜，原来这个同学前几年就迷上了网游，充了大量的钱不谈，还搭上了数不清的时间和精力。

而这一切深层次的原因就在于，大家都以为他的生意蒸蒸日上，但只有他自己清楚，当时已经到了一个阶段，很难再往上发展。同时业务、客户等各方面也还算稳定，所以每年就算自己随便做做，赚些钱生活过得滋润点完全不难。

而与此同时，这个同学又想到之前吃的那么多苦，让他觉得该到了一个回报自己、适当享受的时候了。于是，他再也无心投入更多精力继续发展，而把生活的重点放到了虚拟的游戏上。

可是他并没有想到，随着互联网的发展，实体店的寒冬很快就到了，他沉迷网游的那几年，他的生意已经濒临崩溃。而对互联网一窍不通的他，根本没有想过去补充自己这方面的经验和知识，于是很快，他就从一个成功人士，变成了被时代所淘汰的自我荒废者。

如果要问，人是怎样一步一步废掉的，我觉得归根结底，是陷入了一种固化的、简单的、毫无挑战的生活和工作模式中，并乐于在这样的状态下获得虚假的满足感。自以为自己过得还不错，日子也算充实，生活还在继续，却没有发觉自己早已丧失了向上的动力，或者说，处于麻痹的状态下，看不到可以再前进一步的希望。

残酷的事实在于，当一个人选择停下来，各种诱惑和困扰就会扑面而来，让你再也无法像过去向上前行时那样纯粹了。

我们想要坐下来翻书学习，手机在旁边不停撩拨自己去玩；我们想要保持运动重塑自己的身材，脑中回荡的是麻辣小龙虾、烧烤和啤酒；我们想让自己静一静，重新思考一下人生的方向，儿子的一声啼哭提醒你：该滚去换尿布了……

而这样庞大的惯性一旦形成，想要改变方向，难如登天。你会发现这种惯性如同老树根，盘根错节地缠绕在你生活的每一个细节中，想要破坏它，甚至可能会破坏掉你的整个生活。

因此，讽刺的是，一个人的废掉，虽然是"一步一步"的，但"每一步"都踏得无比坚实。

如果你不想这一切发生，只能从第一步开始，掐灭它发生的可能。

● 别定什么新年计划了，反正你也完不成

新的一年，有什么新的计划吗？

这句话的确耳熟，从小到大很多时候都被各种人问，特别是这三个时间点：新年、春节、生日。

我们总是给自己制定一个足以贯穿一年的目标计划，这么做无非是因为这种周年计划更容易产生一种错觉：仿佛以一年的跨度，何愁有什么小目标完成不了呢？然而事实并非如此，根据著名杂志《福布斯》所公布的一项调查，接受问卷调查的数百名不同职业的美国民众，最终完成自己年初计划的比例，只有8%。

也就是说，绝大多数人的新年计划，说白了只是瞎计划。

或许有人会说，大概是美国人太好高骛远，给自己定下的计划太难以完成了吧？然而事实还真不是这样，他们中大部分的计划都是很普通、很平凡的小事情，比如：减多少体重，看多少本书，考一个

××证，找到一份新的工作，以及戒烟戒酒等。

扪心自问，我们是不是也曾经立下过同样的计划？可见，其实美国人和我们的新年计划真的大同小异。

不用说大家也知道，订下计划容易，执行起来就有点儿不那么舒服了，我们总是高估了自己的毅力，事实上，在上面的调查中，有高达72.6%的人仅仅坚持了一周就放弃了。

一个年计划连一周都坚持不下去，还真是讽刺啊。不过，除了这些一周就放弃的人，剩下的27.4%的人里，还是有些人的毅力比较好，算是持之以恒坚持下去的，这个比例有多少呢？事实证明，剩下的27.4%的人里，只有44.8%的人可以坚持半年，再久就不行了。

拿我身边一个朋友小×来说，这位哥们大约三年前年初的时候，号称要辞职去留学，然后立下了一个非常完整，简直可以称为事无巨细的计划，详细到每天要背多少单词，每周要做几次小测验。甚至把自己准备考试要叫外卖需要花多少资金怎么分配工资都备注了下来。

然而当小×背了半个月单词之后，发现了一个巨大的问题，那就是背单词的速度不可能是匀速的，他第一天激情澎湃，能背下200个单词，第二天激情依旧，也能做到持续，但是一周之后，就发现要背的单词根本记不住了……

因为每天背单词的目标无法实现，其他的计划也相应受到影响，总而言之，没有一项可以按照计划完成。随后的事情也是可想而知的，小×开始犹豫要不要辞职，他发现高估了自己复习英语准备考试的热情，又对国外那么多恐怖案件心有余悸……退堂鼓在他的心中敲得荡气回肠。

最终，三年之后小×依然待在过去的公司，还在同一个部门，依然做着几乎同样的事情。这样的人生规划，才是最符合他，也最容易完成的。

事实上，人类习惯于高估自己的持久力，而这已经成为一种商业上可以被利用的弱点。比如我们都知道只要去上那些健身课、瑜伽班，甚至是长跑训练营，都会有商家笑脸相迎，巴结你希望你能办张卡。

他们的理由很简单，办卡的话价格优惠多了，而且也能逼着客户自己去完成一整个长期系统化的课程，甚至连教练也可以结识成为朋友。

但是这些理由，在人类脆弱的自制力和持久力之下，如同一个笑话。

这些商家都知道，那种在办卡之后能够坚持下去，最终完成全部课程的简直是凤毛麟角，甚至能坚持一半的都少之又少。大部分办卡客户，都会给自己找到足够的借口，把这笔冲动消费当作一次不成功的计划，一次错误的自我投资。

为什么完不成计划，几乎成了所有人的通病呢？

主要有几个原因，首先，人们总是高估自己，制定不切实际的目标计划。比如"不瘦十千克不换头像"（更多的减重目标也有，当然，也更加不切实际了）。

是的，虽然看似"瘦十千克"这样的任务很简单，但是它其实意味着你要彻底更改你的饮食习惯，甚至是作息。你以为每天少吃一点儿，或者尽量不吃那些油腻高热量的食物，就可以做到瘦十千克吗？那只是你以为而已。

或许对于一个基础体重很大的人而言，实现这个目标还不算不靠谱，但是对于大部分微微超重的人而言，瘦十千克不仅需要控制饮食，更需要心理上的自我约束能力。

这就是我想说的第二点，人们总是无法克制自己突如其来的冲动，无法抵制诱惑。

不知道你是不是有同样的体会，自己在前一天睡前计划好了，想要在第二天完成某个很简单的小任务，到了第二天忽然就不那么有激情了，这时候如果有朋友约你去吃饭、喝酒、逛街、打牌，你瞬间就会被这种诱惑所吸引，而无法坚持自己的原计划。

这一点，可能那些戒烟戒酒的人最有发言权，特别是在戒断期，那种想要重新来一根、再来一杯的冲动，会变得无比之大。而对于想要减肥的人来说，一盆飘散着香气的沸腾鱼，一块烤得正好的孜然烤肉，可能就会击败其想要减肥的全部克制力。

第三点是从心理学的角度，人的自我约束力其实是一种消耗品。也就是说，每个人能给予自己的约束是有限度的，你无法超出这个限度去使用它。再拿健身来举个例子，为什么很多健身者都需要一周一次的欺骗餐，或者是欺骗日，就是要通过适度的释放，把消耗掉的约束力补回来。

但这其实也是很微妙的事情，如果过分放纵，就会起到反作用：增高了自我约束的心理阈值。曾经有心理学家做过实验，给一组幼儿进行甜食控制，让他们看到糖果时，能够尽量不去吃它们。他们发现，这些孩子在控制不住自己的欲望，去取食糖果时，每一次拿的糖果数量，都比之前更多。

这也就表明，人类对冲动与想法加以控制，包括对目标持之以恒的能力，其实真的是一种有限的生理资源。每一次我们成功地抵制住诱惑，意志力都会受到损耗。意志力就像肌肉一样，使用过度会疲劳，但同时这种生理机制也有优势，意志力如同肌肉一般，是可以通过锻炼而变得越来越强的。

当自己的约束力不够用的时候，第四点问题就产生了，执行目标完不成时，人们善于给自己找各种理由，作为心理上的释放，使自己能够心安理得，坦然地面对计划执行的失败。

背单词的时候觉得状态不好而收工；跑步跑到一半觉得太热或者太冷而停止；健身因为浑身酸痛而半途而废；想做好财产管理，却被一而再再而三的冲动消费打乱……

从某种意义上说，我们给自己找到不执行计划的借口，比给自己制定一个计划更加简单，这本就是人的天性：安全地在自己的舒适区里待着，而不是去坚持做让自己觉得不舒服，甚至痛苦的事。

那么，说了这么多客观和主观的原因，难道我们真的就无法贯彻计划了吗？

在我看来，虽然难度蛮大，但还是有一些办法的。第一，计划要尽量"小而轻"，让自己看上去能很快地完成，不要订那种笨重的目标，看着就像给自己画大饼。比如一下瘦十千克貌似很难，但是一周不吃油腻食物相比起来就容易些了吧？

同理，我们不要一下子就给自己制定一个今年一定要看多少本书这样的计划，而是拿起手边最想看的一本，争取两个晚上看完。这样循序渐进，才会对自己产生信心，才会有完成更多计划的动力。

第二，在制订计划时，尽量给自己看到执行目标后的回报，产生一种良好的激励效应。比如我在做读书计划时，每看完一本，就会把自己的读书笔记打印下来，当一个季度看了好多本书后，翻翻这些读书笔记，就觉得自己花的功夫没有白费。

很多健身者喜欢在自己健身的不同阶段自拍，看着从一整块厚重的肥肉肚子，到人鱼线、马甲线渐渐有了眉目，再到线条越来越明显，这种持续的回报感，才是激励自己持之以恒的强烈意志驱动。

第三，当坚持了一段时间之后，让计划逐渐变成习惯。很多老一辈人作息时间非常规律，就如同按计划做事一样，这其实根本不需要去计划，他们的身体已经习惯了这样的日常作息。我们在设置长期计划时，也要按照逐渐习惯化去进行。

最后一点，我觉得也是比较有效的一个方法，就是尽可能排除干扰。比如如果你想戒掉某个游戏，就要把它彻底卸载，账号送人或者卖掉，装备全部分解掉；如果你想瘦身，就不能再和那帮天天胡吃海喝的朋友混在一起，否则，你那么点儿不够用的自控力，肯定会被各种来自外界的干扰彻底击溃。

但相应地，如果你有一个自制力极强的朋友，那么和他为伴，让他对你进行监督，也不失为一个改变自己的方法。

● 三个标准，高效找到最适合自己的工作

究竟怎样的一份工作，才是最适合我的？

如果回到许多年前，问我这样一个问题，可能我也会无言以对，或者给出一个并不恰当的回答。在我的职业生涯中，曾经尝试过许多截然不同的工作，也遭遇过各种各样关于工作目标的困惑。所以，我深深地理解一个职场新人，特别是刚毕业的学生，对于自己究竟应该从事怎样的一份工作，会有着怎样的困惑。

在解答这个问题之前，我想说两个人的遭遇。可以说，这两个主人公之间的对比，给了我在工作选择上很大的启发。

第一个朋友叫作小孙，是我以前一位同事的表妹，有一次在闲聊时同事详细地讲了这个表妹的故事。

从读书时代起，小孙就是班上的尖子生，特别是数理化三门成绩，在全年级都能排得上名次。然而接触过她的人都知道，小孙的成

绩好并不是因为她有着过人的理科天赋，而是靠着日积月累的海量做题才收获的成果。

显然，小孙如此刻苦和她的家庭环境密不可分：她的父亲是一家机械制造厂的总工程师，对于女儿的功课他抓得非常严，平时除了做题上补习班，基本上抹杀了她的全部业余爱好。我同事说，以前小孙很喜欢画画，特别是铅笔素描算是有些天分。但是在老孙以学业为重的"绝对纲领"指导下，这份兴趣自然也就不了了之了。

那些年老孙的口头禅就是：学好数理化，走遍天下都不怕。在他的观念里，只要安心学这些，以后就不愁没饭碗。

在父亲的一路栽培之下，小孙念了一所985的知名工科学校，专业也是父亲亲自选定的——机械工程。整个系女生屈指可数，但小孙成绩依然名列前茅。然而就在毕业前不久，小孙父亲请客吃饭时，我同事问她：以后打算去什么单位工作？

小孙一脸茫然，求助般地看着父亲。老孙接过话头，直言不讳地说：就让她直接进制造厂，当个质量检验员什么的，反正咱们厂里我关系都熟。

然而这位父亲并没有意识到，他所在的机械厂在他那个年代是这座城市的骄傲，无数大学毕业生挤破了头想进这家单位，但如今时代已经不同，厂里的效益一年不如一年，别说质检员了，就是研发工程师的工资都低得可怕……

更重要的是，这份工作您女儿了解多少？她真的会喜欢这样一份工作吗?

　　孙总工显然并不在意这些问题，他按照自己一贯的强势作风，让女儿顺利成了自己单位的一名助理工程师。我同事说，小孙不仅工作时浑浑噩噩，自己的个人生活也很不理想，如今快30了连一个固定男朋友都没有。从男同事到男同学，全都觉得她性格太内向，不但没有什么爱好，甚至连聊天都聊不到一块儿去：人家提个电影，她没看过几部；人家说一起去运动，她说自己体育太差……

　　不要说这份工作了，小孙的整个人生都是父亲为她选择的，她没有话语权，只能听从，而且到后来完全和社会脱节，变得根本不知道该怎么活得漂亮。

　　而工作本身，在小孙那里变成了一个赖以维生的手段，它毫无乐趣可言，小孙甚至从来都没有觉得自己的生活充满激情。更严重的是，你想让她改变她都不知道该从何改变，她已经像青铜器时代夹在模具中的那个成品，定型了。

　　与之对应的第二个主角，是我的一个朋友小程。可以说，小程的学生时代和小孙几乎如出一辙，都是刻苦做题，摒弃了各种爱好。也许唯一的差别就是，小程的家里比较清贫，所以需要她在课外做一些家务活儿，包括缝缝补补，自己做点儿小零碎，所以小程还可以保持自己唯一的爱好，就是制作手工皂。

　　我记得那时去她家里，每次一进门就会觉得香气逼人，在客厅的一个木柜子里，摆放的全是她亲手做的各种手工皂。所以，那时每个客人从小程家离开时，都会获赠几块精致的手工皂。那时的她完全不会想到，自己这么私人化的小爱好除了馈赠亲友之外，会给她以后的生活带来什么改变。

在大学选专业时，小程的父亲也按照当时的流行趋势，让她选了一个看似最适合女生的金融专业。不得不说，这个选择至少比老孙的选择来得好一点儿。然而，小程自己并不喜欢这个专业，而且一直对自己的数学成绩没有什么信心。所以就算她毕业之后找到了一份还算体面的银行工作，但却一直干得不开心。

之所以不开心，除了不是她自己喜欢的事情之外，还有很重要的一点在于，小程的性格偏内向，可是她的工作却需要她有很强的社交能力，说白了就是拉客户、维护客户关系等，这些都是她不擅长的，虽然她已经在努力地去适应，去改变……

就在这样的状态下，小程得到一位客户的建议，兼职开了个网店，专门卖她制作的各种手工皂，这位客户给了她第一批订单。没想到这完全出于偶然的想法，竟然彻底改变了她的人生轨迹。

有了好的开端，顺风顺水的小程手工皂卖得越来越好，而且名气也渐渐打出去了，加上在那个时期，几乎没有太多像样的同类型商铺，在竞争压力不大的情况下，小程很快就把网店生意做得红红火火。

她虽没有一夜暴富，但是至少生活很滋润，毕竟工作只要在家专心经营网店就可以了，平时可以培养自己的爱好，如生活品制作、服装设计、旅行、写文章，又有大量的时间可以陪伴家人，用她的话来说，就是过着自己想活的那个样子。

写到这里必须强调一点：举这两个例子，我并不是建议大家选择辞掉自己朝九晚五按部就班的稳定工作，去开网店，去创业，而是想说，每个人究竟适合做什么工作，可能在自己的人生初期，甚至直到职业生涯进行到一定程度之前，都难以彻底弄明白。

换言之，你随便去大学校园里拉一个人，问他觉得自己适合做什么，或者想找一份怎样的工作，可能很少有人可以给出经得起时间考验的答案。所以我一方面鼓励大家多尝试改变自己的职业道路，一方面又认为有些人就该坚持一下，耐心等待成果出现。归根结底，如果在职业生涯的开端，就清楚知道自己做什么最适合，岂非皆大欢喜？

所以，围绕怎样预测什么样的工作最适合自己，我归纳总结了三条判断条件，或许可以帮助你用最短的时间确定自己的工作取向。

一、强烈的兴趣

是的，强烈的兴趣超越其他任何一个因素，是最先决的判定条件。但为什么要说是"强烈的兴趣"呢？因为我们知道很多人的兴趣很杂，或者有些人的兴趣其实只是三分钟热度，因此只有那种自己真正喜欢，并且能够持久地深入进去，不断找寻出各种乐趣的兴趣，才可以被定义为"强烈的兴趣"。

　　"兴趣是最好的老师"，这话一点儿不假。人们在做自己喜欢的事情时，才会忘情地投入，把体内的全部能量都发挥出来。其实人之所以会对某些事物产生强烈兴趣，也是和他自己的身体机能息息相关的，特别是大脑的构造在其中充当很重要的角色。举个最简单的例子，有些人天生逻辑缜密，思维条理性好，就格外擅长从事科研工作；那些艺术大师也如是。

　　在这里就不得不提到一个误区，很多人觉得自己的兴趣就是某项娱乐活动，比如电子竞技。的确有许多人能够将电竞升级为自己的职业并大获成功，但是有一点不知道你们有没有想过：几乎所有人都爱好娱乐。

　　这也就意味着，对于某个娱乐活动有强烈兴趣的人，数不胜数。这样的参与者基数会令你在其中泯然众人，很难出头；因此很多人都有着电竞的梦想，但最终能够实现的屈指可数。反过来，像小程这样以制作手工皂为乐趣的人，恐怕就少之又少了，所以她才能将自己强烈的兴趣顺利地切入职业生涯。

二、更喜欢和人打交道，还是更喜欢和物打交道

　　在第二点上，我之所以没有把和兴趣息息相关的天赋作为考量标准，理由很简单，并不是每个人都能正确评价自己的天赋。我见过有太多的人，以为自己有某种天赋，而事实却并非如此；又或许某人的

确有一定的天赋，但这天赋不足以支撑他的整个职业生涯，毕竟，仲永、江郎之人也比比皆是。

因此我认为，性格因素才是决定性的第二点。

关于性格，很简单的一个标准，就是你更愿意从事和人打交道的事情，还是和物打交道的事情。虽然现实中的工作并不存在绝对化的对人还是对物，但是大致还是可以区别出来的。比如小程那样的性格，选择自己一个人琢磨手工制作，就比满大街拉客户要游刃有余得多。

但是另外有一点不得不说的是，只要多接触MBTI职业性格测试就知道，自我测评中内向（I）的人比外向（E）的人要多得多。所以，看到这个问题或许你的第一反应是我肯定喜欢和物打交道，但事实上并不一定。就像之前提到的那个人员构成基数一样，在茫茫的内向型中，只要你哪怕稍微外向一点儿，就可以尝试和人打交道多点儿的工作，进而减少不计其数的竞争对手。

三、时代的趋势

不要忽视这一点，很多人总以为顺应自己的本心最重要，但事实上时代的大趋势也是决定你能否成功的重要考量。在小孙、小程的学生时代，可能的确学好数理化是最有出息的，其他那些爱好都该摒弃，做个手工皂能做成职业？想都不敢想。

但是时代终究变化了，在如今的时代，你擅长配音可以做声优，擅长打游戏可以成为电竞选手，擅长说段子都能当上网络主播；而在以前，做这些事情的可能性几乎为零。所以在选择职业时，尽量多参考一下时代的趋势，不要总是墨守成规，觉得某个时代的好工作才是好工作。

当然了，正如我在另一篇文章中所提到的，时代的趋势并不是很容易把握的一件事情，但是至少哪个行业生机勃勃，哪个行业垂垂老矣，还是一目了然的。我建议优先选择那些生命力强劲，或者大势所趋的工作。

以上就是我订立的一个简单三要素标准。能够找到具备强烈兴趣的工作是最好的，应当坚决果断地选择它。如果缺乏强烈兴趣或是受限于某些困难，那么就在对人和对物中选择，这样一半的工作都能筛选掉。再下一步，参考时代的趋势，评估一下选择哪份工作前景会比较好，如果自己看不透大势，可以请教一下长辈和专家。

而在进行完第二步和第三步筛选之后，再回过头想想剩下的工作里，自己最有兴趣的是哪个，也许就接近最终答案了。

至于其他一些评判标准，比如家庭环境的影响（父母的从业和关系网），在当地的收入平均水准之类，个人觉得同样可以拿来参考，但是比起前三个来，属于比较次要的影响因素。

● 成为那个不可或缺的人

曾经有人问过我一个很有趣的问题：为什么在北美的那些大公司里，高管阶层除了白人之外，还会有很多印度面孔，然而华人的身影却几乎很难见到呢？即使是那些生在北美、长在北美的华裔，也很少能够做到高管，这其中的深层次原因是什么？

其实这个现象我早就观察到了，当时我给出的一个解释是：印度群体可能参与到北美大公司运作中的时间更早，他们在人际关系方面更有优势，所以才能够把持那些公司的高位。

直到很久之后，我才发现这个认识不仅是错误的，而且是彻彻底底的错误。

正是我自己在一家美国大公司的某段工作经历，才让我发现了这个问题的本质。这家公司是那种集团式的制造业公司，我所在的是其中一家分公司，当时我所在部门的经理是个华人，叫作Jack。

Jack当时四十多岁，之前在国内做了多年中层管理，移民到美国，就一直在这里做技术，进这家公司已经快十年了，终于做到了中层位置。毕竟大家都是中国人，Jack对我一直挺照顾，刚进公司不久就把我喊去他家里做客。那次吃完晚饭之后，他还特意跟我聊天。

至今我还记得他说的一席话："我们中国人很多在美国混不开，就是因为我们融入不了人家的社交圈，我们总是过分拘谨，再加上语言和文化的原因，所以人家就觉得跟咱们有隔阂，永远只能保持工作伙伴的关系，关系的发展无法更深一步。"

我正回味这番话，Jack又继续说："每个人都知道华人在美国工作有看不见的玻璃天花板，就是因为我们根本不会搞关系，我们的社交能力太差，美国人甚至觉得我们中国人情商太低。但其实呢，根本不是这样的，在国内职场我们能如鱼得水，就是因为我们懂人际关系，为什么我们不把这种套路复刻到国外呢？"

事实上，他的确也是这样做的，可以说公司里每个人跟他关系都很好。为了融入公司的社交圈子，他没少花精力：上班时不分职位高低和每个人打招呼，根据每个人的喜好寻找对方可能感兴趣的话题，中午经常自掏腰包请大家吃比萨，每次回国都会带很多礼物分发给同事、朋友，还经常参与同事们的业余派对等。

Jack的顶头上司是一个土生土长的美国人，下班后和他关系也不差，但是每到工作时就不太待见Jack。根据我的观察，Jack虽然能力是有的，但是方方面面他都想打点好，然而这是不太可能的，一忙起来，就难免会出现一些小的失误。所以他的上司经常会为这些事情发火。

我知道Jack也有自己的难处，因为他想要把各种关系搞好，别的部门嫌麻烦的破烂小事情，Jack会想着帮同事一把，揽过来当作顺水人情；手下员工由于各种原因请假，Jack从来都是批准，留下来的活儿他自己加班帮忙搞定；还各种帮别人"擦屁股"……

从他对我的态度也能看出来，Jack是真的想搞好一切人际关系，私下里他也抱怨过这样很累，一方面每个细节都不想出错，免得给别人添麻烦；一方面别人都觉得他是老好人，有事情总是想着找他帮忙。是的，外国人也知道如何偷懒。

谁都知道，做得越多，出的错也就越多，Jack虽然凭借着自己的一套工作思维，在美国公司也做到了不错的位置，但从他升到这个位置，到我离开这家公司的这么多年里，他再没有获得更进一步的提升，而按照美国职场的隐性规则，通常他肯定已经做到更高的职位了。

这还不是故事的全部，我在这家公司后来去了另外一个部门，新部门经理是一个印度人，叫作Raj。和Jack相比，Raj有着不太一样的职场风格，他虽然也会和我们开各种玩笑，但只是典型的职业式交际，因而我们和Raj从未建立过私交。

但是，Raj做事的时候，根本就不在意什么旁枝末节，他办公室的白板上每次都只有一两个任务，是需要动用全部精力完成的。一开始我还没在意，后来才逐渐发现其中的奥秘：这些任务都是Raj的上司急需完成的，换句话说，是最重要的。

比如有一次有个新客户一直在犹豫是用我们公司的设备，还是选一家价格和档次低一些的。当时我们公司急需开拓新市场，Raj的上司非常看重这个客户，于是Raj放下手上所有的活儿，让我们加班加点做了一个非常详细而又极具说服力的方案，第二天亲自去给客户展示，终于拿下了这个至关重要的订单，Raj的上司对此也大为赞赏。

自从这一次经历之后，我就有预感：Raj很快就会得到提升。果然，没过多久，Raj就不再是这个部门的经理了，而是调去了另一个部门担任更高的职位。

Raj的经历并不是个例，事实上很多印度裔的高管，行事风格都与他相似，他们并不看重什么职场的交际，也没有表现出我们以为很重要的职场情商，但就是深受高层和老板们喜欢。

为什么？因为他们奉行的一个准则，就是让自己成为上司最需要的那个人，换句话说，就是成为上司心目中最不可或缺的那个人。

怎么成为这样的人呢？关键就是要真正解决上司最希望解决的问题。打个比方，假如有个人同时患有白血病、重感冒、肠胃炎、皮肤病，他肯定迫切希望有人能够治愈他的白血病，至于其他的毛病，慢慢再治疗调理也不迟。

职场上也是一样的道理，像Jack那样的员工，看似做了很多的事情，但一来没有把握任务的轻重缓急，二来事多做得慢又容易出差错，很难真正打动上司。说句不好听的，这些事情就算没有你来处理，他大不了多找几个人一起做，总不是大问题。但是像Raj那样能解决燃眉之急的，却不是谁都能做到。

Jack以为华人无法做到高层的原因是没有融入西方社会，缺乏良好的人际交流，可能这的确是一个原因，但绝对不是最关键的原因。

要知道，每个人都会对那种"帮了自己一个大忙"的人心存感激，而对于"帮了自己很多次大忙"的人，那就更不用说了。上司们也是这样，作为他的下属，如果你一次次帮他解决了最棘手的麻烦，他一定会对你青睐有加的。这样如果某天他升职离开了这个岗位，在他心目中，谁是最能顶替他的人呢？

答案是显而易见的。这就是印度高管们一路晋升的原因。他们并不是靠着自己娴熟的英语，或者更接近于西方文化的背景，来取得同事们的喜爱，或与上司套近乎，而是真正让自己成为老板最不可或缺的那个人来获得提升。

或许你会说，这大概是因为美国本来就不太讲究人情吧，换了在中国这样的人情社会，难道不需要拉拢关系，搞社交吗？

这话倒也不完全错，事实上在国内搞好同事关系的确很重要，处理好和上司的关系更是重中之重。但是，越高效的企业，特别是一线城市的新兴公司，这种风气越淡。理由很简单：领导越来越精明了，只有真正会做事、能把事情做好的人，才是对他最有帮助的，那些嘴上奉承得好听，什么活儿都干不来的人，要之何用？

在如今的大环境下，即便你能力全面，能把职场关系处理得面面俱到，也比不上能真正解决一个迫切需要解决的问题有用。国外如此，国内同样如此。

以我在国内很多互联网公司的见闻来看，这些企业的管理非常扁平化，一切都拿成绩说话，你做到怎样的业绩，就能升到怎样的位置。从某种意义上而言，这样的公司比西方更加重视员工的不可替代性。

我认识的某个在北京互联网公司上班的朋友，大学毕业后只用了三年，就做到了很高的位置，就是因为他是全公司唯一一个既擅长IT技术，又懂市场营销的人，加上形象又好，老板每次出差带人的第一人选，就是他，一个人可以顶几个人用，还能节约差旅费。

所以就算是在北京这样人才济济的地方，只要你肯踏实耐心地提炼技能，不断提升自己的业务水准，打磨自己的技术，学会解决一些别人很难搞定的麻烦，就必定会成为团队里的重要人物。相比起来，想要提升自己的情商，琢磨怎么讨好上司的欢心，反而要难得多。

成为公司最受欢迎的人，并不一定能取得成功；成为公司不可或缺的人，才是最重要的。

第三章
那些优秀的人，
总是做自己

当有人把你的隐忍退让，

当成他得寸进尺的砝码，

不妨冲冠一怒，

让别人深刻地意识到，

你是一个有底线的人。

● 我们要"听老人言"，但更不能失去自我

某次坐高铁出行，听见身边一个母亲一直在埋怨她的女儿："让你不要自己一个人出门，你一个女孩子家单独搞什么旅游？你看看现在怎么办？"女儿一边啜泣，一边偶尔回几句嘴："我也没想到啊，这也不能怪我吧。"

刚听到这些，我吓了一大跳，以为女孩身上发生了什么悲剧，后来才从她们的言语中听出，原来女孩只是一个没留神，在某个一线城市的风景区钱包被偷了，大概损失了一千多块钱和一个新皮夹。

就为这件事，那个母亲便数落了一路，还一直强调女生就是不能单独外出，这是她作为一个女性长辈的经验之谈，就差没说是母亲大人的真知灼见了。在她们下车之前，我能感觉到这个女孩已经彻底被她妈妈说服了，不再回嘴，而是一个人默默低头收拾行李。可以预见到未来很长一段时间里，这个女孩不会再独自出远门了。

在讨论这篇文章的核心内容之前，我想先问一句：女生真的就不能单独出远门旅行吗？

正确的答案应该是：不论男女，都不应该在缺乏准备的情况下，贸然闯入一个陌生的地区；如果觉得该地区存在不安全的隐患，才应该避免独自前往。

只不过考虑到女性的体力较弱，对于女生而言，需要准备得更充足一些，对于安全的标准评判也相对于男生有所不同，但很明显，一概而论地说女生不能单独外出，显然是毫无道理的。

就拿这个女孩来说，根据母女的对话可以知道，她去的那个一线城市治安其实是相当不错的（犯罪率很低），她既没有深夜独自去不安全的深巷小街，也没有留宿鱼龙混杂的小旅馆，而是像一个普普通通的背包客一样，住在市中心的酒店，白天去景区观光，晚上去闹市吃饭逛街而已，连出行攻略都提前做好了。

这样既有准备又足够安全的独自旅行，有什么值得过分担心，有什么必要加以阻止呢？

归根结底这位母亲其实并没有把女儿当成是一个独立的个体，相反，她把女儿视为自己的一个附属品而已。可以想象，对于自己的女儿，她恨不能一天二十四小时地进行监控，唯恐她出现什么意外。在交谈中她不住地强调：某某新闻里就报道某某女孩独自外出以致遇害云云。

姑且不说这些新闻中的主角是否做好了准备，是否有避险意识，每天有多少人死于交通车祸，难道大家都不能坐车只能走路了吗？这种因噎废食的思想，不知让多少人永远活在焦虑和恐惧中，而不敢面对外面的世界。

这位母亲不仅不明白在温室中长大的孩子，最缺乏历练，更是忘记了一点，她自己的人生经验，并不足以给其他人，哪怕是自己的子女作为绝对参考。

或许这位母亲年轻时经历过很多动荡，曾经遭遇过凶险，又或许曾经也带着一腔孤勇独行，却被残酷的现实打败。但这并不意味着，自己的女儿就会重复她的人生轨迹。

我们都听过"小马过河"的故事，在老黄牛的眼里，渡河就和吃饭喝水一样毫无难度，在松鼠的眼中，河水却是无法逾越的天堑，然而只有小马自己亲自去尝试了，才会明白河水对它而言究竟是怎样的存在。

同样是母亲，我的另一个朋友就一直被她妈妈鼓励着亲自去见识更大的世界，当然，是在做好各种准备的情况下。所以只有二十多岁的她，就已经一个人踏足过玻利维亚、埃及、摩洛哥、塔希提岛、圣马力诺等地。

不仅如此，她后来提出要创业，她的家人在先问了她关于创业的思路、理念、执行方案，又大致了解了她手上拥有的创业资源之后，没有提出任何反对意见，全都支持她的决定。

你要问做这些事情有没有风险，当然是有的，但是就因为存在风险就阻止一个个体的自我成长，那显然只会让一个人平庸地过完一生。而这个女孩，却是我见过的最有个人能力，最不惧困难敢于接受挑战的姑娘之一。

这就是我这篇文章里想要说的，虽然常言道"不听老人言，吃亏在眼前"，但一味听从前辈长辈们的意见，不敢亲自去试一试，说不好听些，就是让别人代替你活了。

诚然，长辈的言论有它的道理，毕竟他们可能早就经历了我们所需要经历的，并留下了宝贵的经验财富，其中有大量值得我们去借鉴的信息。但是，这并不意味着长辈就可以代替你去思考、判断、做出最终决定。

首先，长辈的经历属于他们的年代，他们根本不了解最新的形势和大环境，很多时候并不了解同样的事情发生在不同的大背景下，究竟会产生如何不同的结果。据我所知，很多长辈一辈子值得称道的就是他们曾经的某段光荣岁月，躺在功劳簿上回味那些日子，就构成了他们下半生的全部；至于新的世界，新的思想，新的生活模式，他们不乐意了解，更不屑去尝试。

举个例子吧，当初因为一些主观和客观的原因，我决定放弃继续做工程师搞技术，而去写作的时候，某位长辈就直接放出话来：别走写作这条路，你绝对不可能成功。

姑且不论她究竟有多么了解我，然而这么一句武断的话，还是让我觉得目瞪口呆。

她没有直接给出理由，而是举了一个例子——她的一位同龄人，此人工作了几十年，突然决定要写书，然后忙活了好一阵子，却写不出什么像样的东西，最后只好靠着不错的家境，找着点儿出版社的人脉自费出了几本书。至于销量，自然是不用指望的。

我猜，在这位长辈看来，我一来没有她这个朋友岁数大经历多，二来不像此人有钱可以自掏腰包，三来也没有出版社的人际关系，因此，自然是不成的。可惜她显然没有想过，我和她的这位朋友是完全不同的个体，我们有着不同的性格，不同的思考方式，不同的受教育程度，不同的知识储备，以及不同的写作能力。

因此，我非但没有听取这位长辈的"老人言"，更是决意要做出点儿名堂，来证明自己。

其次，长辈们的生活经历和如今的年轻人有着太大的差别，受教育的水准也大相径庭。这导致他们的认知、思维方式和处世观念都与年轻人完全不同。

还是用那位长辈为例，在她看来，如果不是科班出身，只有自己去投稿，获得编辑的认可，发表了很多篇文章之后才可以真正去写一本书。从她的言论"你又不是中文系出身的，怎么走写作这条路呢？"就可以知道两件事：一，她并不知道中文专业究竟是怎么一回事；二，她对于当下的出版业和新媒体行业一无所知。这也就决定了她的意见没有多少参考价值。

同样地，还有一些长辈总是局限于自己完全脱离社会的经验性思维，去给出一些过时的意见。比如我曾经的一位同事在十多年前的时候，想要贷款买房作为投资，结果被他的父亲断然拒绝，理由是这种投资让人背上一笔债赚钱，还要冒着房价不稳定的风险，不如把钱老老实实放银行存着吃利息。

至于后来嘛，一家子的心情用肠子都悔青了来形容也不为过。

再者，过分在意长辈的经验之谈，或许会少犯一些错误，但代价是彻底丧失了自己独立思考、独立判断的机会。要知道，犯错本身并不完全是坏事，它不但能让人更加真切地获得经验，更能锻炼一个人在逆境中成长的能力。

也许火车上的那位女儿在那次旅行中损失了一些金钱，但是她却收获了独自出行、订票、住宿、寻路、搭乘交通工具等各种技能和经验，还见识了各种自然和人文景色，这些难道不是人生的财富吗？

或许这次被偷窃了钱物，但下一次她就会思考，是否要在身上放那么多现金，是否要在人流密集的场合多注意保管自己的财物之类；而让她从此再也不独自出游，就抹杀了上面的全部可能。或许她会成长为一个听话的乖乖女，但同时也可能会是一个面对问题束手无策只能依赖他人的无能者。

所以，我们听"老人言"，应该是乐意"倾听"，而不是盲目"听从"。永远不放弃自我，学会独立思考，敢于试错，会成长得更快，也会活得更自我，更精彩。

●把怒气憋在心底，你永远成不了厉害的人

不知从何时起，总有人给我灌输这样一种思想：爱发脾气的人，必然情商低；真正的成功人士，从来都是波澜不惊，不会发脾气的。

而且，这种思想还形成了一种等级制度，是曰：世间有三等人，有脾气没本事的，是为三等人；有脾气有小本事的，是为二等人；没脾气有大本事的，是为一等人。

初听此话，觉得甚是有理，甚至心生惭愧，拿出三省吾身的谦卑态度好好反思一通：好像我真的经常发脾气——开车路上，有人不打灯瞎变道加塞，我会不爽；朋友的还款时间一拖再拖，好像从来都有一堆借口，我会不爽；连送外卖的忘记订单，弄得我饿肚子一小时，也会不爽。

再结合当时的处境，不由自主地觉得，我是应该好好收敛一下脾气做一个高情商的人了，否则，也许我真的无法变成一个很厉害

的人……

那段日子，我遇到了一个新合作伙伴。说实话，这位老哥算是个性情中人，特别耿直，跟他讨论问题，他总能一针见血地给出自己的想法。这种直率的性格，让我们的沟通不需要顾虑什么，只需要真实地表达各自的想法就好了。

但是后来我发现，这位老哥遇到问题的时候，也总是毫无顾忌地发泄自己的火气，不论是对自己的下属，或者是不相干的办事人员，甚至是他的上司，他都敢于宣泄自己的怒火。

不幸的是，后来我也遇到过好几回，其中有一回，因为我的理解跟他有偏差，图纸画得不符合他的要求。结果他拿到手上就一阵猛喷：你都工作那么久了，怎么会出这种低级问题？

在我解释之后，他依然不依不饶：你如果一开始有疑虑，就应该立刻告诉我，现在好了，期限在即你玩这么一出？我该怎么交代？

说实话，对他这个态度我感到憋屈，也有一肚子怒气。因为我并不是没有提醒过他，但是他当时跟我说的是，先弄出来后面再调整也行。而且，我们只是合作伙伴，我并不是你的下属啊！

但是我还是硬生生忍住了，就因为我想到那句名言：成功人士都是高情商的，发脾气解决不了任何问题。

于是我只好摆出僵硬的笑容，承认自己有失误，希望能够缓和当时的气氛。

然而这位老哥似乎并没有停下来的意思，还是一直数落我。没办法，我只好硬着头皮赔了一下午的笑，他才终于渐渐停住了。

然而，这样的做法似乎并没有给我带来什么帮助。合作了一段时间之后，这位老哥就直言不讳地跟我说：我觉得和你的沟通还是存在欠缺，也许我们今后没法继续合作了。

当时我就傻眼了：我忍着没有怼回去，就换回这么个结果？反正要一拍两散，早撕破脸就好了？又何必搭上一下午赔笑？

这事之后，我对忍气吞声产生了一点儿动摇，但还是常常提醒自己：一定要和颜悦色地对待别人，不能轻易发火。

出国之后，对待那些外国朋友和同事，我更加客气了。因为和国际友人接触，不但涉及自己的个人修养，还代表着中国人的素质。所以，基本上有任何不愉快的地方，我都会先审视自己的言行，遇到很不讲道理的外国人，也不会撕破脸与其争执，而是尽量带着笑去表达自己的态度。

久而久之，我觉得自己活得太压抑了。

后来我在一家公司做技术支持，手底下也管着几个人，都是外国人。虽然名义上是他们的上司，但我发现，他们似乎从来都没有把我说的话当回事，完成任务的时候，总是会打些折扣。

然而我最多只是板着脸严肃地说上几句，依然摆不出那种吹胡子瞪眼的态度。没想到，这样换来的，是上司对我们团队工作效率的不满意。

压抑了三个月，我差点儿打算写辞职信了，机缘巧合之下，碰到一个算是长辈的人，跟他交流了一个晚上，终于让我走出了之前的心理状态。

他说了一句让我醍醐灌顶的话："有本事的人才会发脾气，那种一辈子唯唯诺诺，打落牙齿往肚里吞的人，永远都是平庸之辈。"

他随口举了几个例子："蔺相如的脾气好不好？对待一直找茬的廉颇，他能一而再再而三地隐忍避让；但是对待权势大得多的秦昭王，他却能怒目而视，张目叱之，不惜以血溅当场威胁，逼着对方示弱为赵王击缶。"

"而唐雎更是在秦王以'天子之怒，伏尸百万，流血千里'相威胁的时候，毫不退让地以'若士必怒，伏尸二人，流血五步，天下缟素，今日是也'怒怼回去，吓得秦王只能长跪而谢之'先生坐！何至于此！'"

他继续说："由此可见，真正厉害的人，都很会发怒。因为只有正确地发怒，才能表达出你的意见，才能让对方感受到你的态度。"

人们从来都不会觉得你的退让是一种宽容，相反，他们只会觉得你这个人懦弱，好欺负！

每个人都有喜怒哀乐，发怒本身就是一种沟通方式，千万不要觉得高情商的人不会发怒。事实上，高情商的成功人士不但会发怒，而且还深谙发怒之道，他们知道怎样用自己的勃然大怒，来获得所需。

反过来，总把怒气憋在心里，看上去是缓和了气氛，化解了矛盾，但怒气并不会消失，时间长了，怒气只会变成怨气，甚至成为藏在内心深处的一颗定时炸弹。

很多激情杀人的案例告诉我们，长期压抑内心的怒火，往往只会适得其反，甚至会变成抑郁，酿成更多危害。弗洛伊德曾经说过，抑郁症病人表面上并不显示出愤怒感，但其实他们的潜意识里，会不断积压愤怒的情绪，并且得不到释放。

发怒和开怀大笑、悲伤落泪一样，都是正常的情绪表达。当有人不断地挑战你的尊严，当有人从来不懂得把握分寸，当有人把你的隐忍退让当成他得寸进尺的砝码时，不妨冲冠一怒，让别人深刻地意识到，你是一个有底线的人。

我很生气！老虎不发威，你当我是病猫！

因此，高情商的人，绝不是不会发怒。他们的厉害之处在于，懂得发怒的威力，善于根据场合、时机来表达自己的怒火，更懂得通过怎样的情绪宣泄，来达到自己的目的。

只会把怒气憋在心底，你永远不会成为一个厉害的人。

● 从学会拒绝开始，做一个有尊严的人

某年春晚，郭冬临的一个小品给我留下了深刻的印象，他在其中饰演一个俗称"死要面子活受罪"的老好人，对于别人的任何要求都一概答应下来，最后落得两头不讨好——家里闹得鸡飞狗跳，外面事情也没办得漂漂亮亮，更重要的是，看似做了老好人，实际上总是被人利用。

在我看来，郭冬临的这个角色，反映出的是国人的一个典型问题：不懂得如何拒绝他人。

了解我的人都知道，我很少会用某某国家作为标签，来概括该国国民的特性，如果朋友强调"中国人总是如何如何"之类，我都会反驳回去，说这明明是世界各国都存在的现象。但是，不懂得如何拒绝人这一条，或许除外。因为，在我接触过的各国人里，似乎只有包括中国人在内的东亚人，格外不擅长这一点。

比如在美国念书时，有一次和几个朋友去纽约看演唱会，结束之后已经很晚了，我就问当时同行的一个美国朋友，可不可以请他送我们一程。没想到，他很客气地拒绝了，理由简单直接：当时已经挺晚了，接近零点，如果送我们回学校之后他再开车回家，时间就太晚了；况且他近期身体状况不佳，需要按时休息，熬夜驾车也不安全。但是他可以把我们捎去最近的地铁站。

后来我们和这位美国朋友处得挺好，他本质上也是一个挺热心的人，在不少地方帮助过我和其他朋友。当时之所以会拒绝我们，是因为在他看来这是一件超出他能力范围之外的事情，那么选择礼貌地拒绝，也是很合情合理的一件事。

但是之后我也思考过，同样的事情，如果放在自己的身上，会如何处理呢？估计我会尽可能克服自身困难，不惜以自己的健康和安全为代价，先熬夜开车去送朋友，再赶路回家。

这大概就是东西方社交文化中的一个巨大差异，面对其他人的请求，哪怕是很熟悉的朋友，西方人觉得不合适，或是自己不愿意去做的话，就会直言相告，并礼貌地拒绝对方的要求。

而东方人特别看重面子，国人总是会不好意思拒绝他人的要求，因为他们担心这样的行为可能会破坏彼此之间的关系，更重要的是，还会丢了自己的面了。

但是，这种来者不拒的思想，可能会造成尴尬的局面：我以前公司有个同事叫老李，他看起来非常亲和，对谁都笑嘻嘻的，客气话说起来更是一套一套。而且，老李似乎对任何同事、朋友的各种请求，都有求必应。

某一次，公司另一个同事小杨去找老李帮忙，老李一口答应下来，然而在这之后就再也没有任何动静，也从未主动提起过此事。小杨憋不住去找老李，问那件事情办得怎么样了。老李才不好意思地说，自己太忙，把这事给忘了，并一再表示会尽快帮忙处理。可是一拖又是许多天，小杨也不好意思再问，最后只好请了其他人帮忙解决了。

这种情况就会让人觉得很尴尬：你说要怪罪老李，也不能真的怪他，毕竟人家愿意帮你只是情分，并不是他的本分。但问题是，既然答应了下来，为何又不放在心上，尽力去解决呢？说白了，其实还是老李并不是真的很乐意帮忙，只是公司同事一场，拒绝了又觉得不够意思，所以姑且答应下来，至于是否真的履行承诺，那就是另外一回事了……这其实是一种变相的拒绝，而且生活中经常会遇到。

还有一类情况也很常见，我的前同事就是典型的例子。当时还是实习生的小吴，本身就是一个比较怯懦害羞的姑娘，再加上一心想搞好职场关系，因此对每个同事都特别和善，对于上司和其他老员工交给的任务，更是不打一丝折扣，总是认真完成。

不久她部门的好几个老员工看出了她的性格，就总是以前辈的名义让她帮忙做很多分外的事情。久而久之小吴也感觉到自己被利用了，可害怕得罪了老员工，以后会被穿小鞋，因此只能硬着头皮去做。

这也是不会拒绝的典型，殊不知你越是这样，老员工越是会觉得你缺乏主见，好欺负，自然而然就会看低你。当你以为自己的不拒绝维护了群众关系的时候，却没意识到已经丢掉了自己的尊严。

当然了，还有另外一类，就是真心实意地想要给予他人帮助，但是自己的精力有限，或者能力不足，这种情况下如果不会拒绝就会让自己陷入两难之中：要么无法兑现自己的承诺，要么给予他人的帮助是打了折扣的。

由此可见，我们不会拒绝他人，无非是以下几个原因：

一是觉得面子挂不住，拒绝他人的请求会显得自己无能，没什么用。二是害怕关系搞僵，处理不来复杂的社交关系，干脆满足他人的全部要求。三是对方身居高位，自己如果拒绝了对方，担心以后会遭到报复，或者不被其重用。四是的确想要帮助人，却忽略了自身实力不足，或者精力不够。

而所有的不懂拒绝，最终都会导致一个结局：让你在这种社交关系中，彻底失去自我。

这也恰恰是东方文化中，比较容易忽视或者说刻意掩盖的一个细节——自我的重要性。在我们的传统观念里，尊重礼仪教养，牺牲自己帮助集体或者他人的思想过于根深蒂固，让我们养成了一种特殊的习惯——总是轻视自我的存在。

在日本文化中，也有非常相似的现象。我在日本生活时，感觉到他们很少愿意去麻烦别人，遇到需要别人帮助的情况，总是会不停地表达歉意，好像这样就欠了别人一个巨大的人情一样。这其实是一种逆向的不会拒绝，其本质也是对于自我存在的轻视。

正是这样的传统和思维习惯，让我们宁愿自己去承担麻烦来完成别人的请求，或者去做那些不情愿去做的事情，总之就是不敢当面直接说一句：对不起，恕我无法做到。

但实际上在如今的社会，一个从不会说"不"的人，往往并不会让他人觉得是一个高尚的、有修养的、乐于助人的君子，反过来，有很大可能只会让人觉得这个人老实、好欺负，是个有求必应的老好人。

而一个懂得说"不"的人，常常让人觉得更有主见，有想法，不会一味地服从，或者说——不好欺负。因此，学会拒绝，也就意味着让别人知道你的边界和底线，同时也能在社交中保持自己的人格完整，不会丢掉自己的尊严。

那么，怎样才能有礼有节地拒绝他人，又不至于闹得不愉快呢？

首先，第一种明里答应，暗里并不履行的方法，是完全不可取的。在现代社会，契约精神的重要性无须赘言，如果答应了却无法兑现承诺，只会比直接拒绝更让人不能接受。长此以往，别人只会觉得你是一个虚伪的人，很可能用相似的方式来对待你。

第二种，因为担心关系变坏而无法拒绝，这时大可以直接说明自己的情况。比如像小吴那样被老员工差遣使唤，应该直接表示自己手上有很多其他的活儿正要做，此时此刻无法再腾出精力来帮助你。或者在给予帮助之后，大胆地言明：这次我帮了你一个忙，你要记得欠我一顿饭哦，以此来避免对方一而再再而三地提出需求。

遇到对方是上司，却总把自己当作奴仆使唤的，要区别对待，一种是对方真的很赏识你，通过各种任务来考验你的能力；另一种就是仗着自己身居高位，把你当苦力使用。遇到这种情况，你大可以表达公事公办，私事自己解决，不要带到工作场合的态度，让对方知道你的底线，从而知难而退。千万不要因为对方是上司而退缩，那只会让你以后越来越难做。

至于最后一种，就最容易处理了，不要觉得不好意思，大方地说出你的难处，正常人是肯定能理解你的。这其实就是一种"能帮到你的地方，我会尽可能帮助你；超出我能力范围的，我暂时无法做到，希望你能体谅"的态度。事实上大部分人也会理解，真遇到那种死缠烂打，明知你有难处还非要求着你完成的，这样的人还是尽早过滤出社交圈子比较好。

没错，学会拒绝还有一层很重要的意义，就是帮助你识别出真正值得信赖的朋友——他们会换位思考，理解你拒绝的原因，并且不会有损和你的友谊。而那些因为你的合理拒绝，就对你换了一副嘴脸，或者觉得你"不够意思"的所谓"朋友"，恰恰是你最应该拒绝的人。

●想战胜心中的自卑，你需要知道这五点

有许多人，特别是年轻人都曾经被自卑情绪所困扰。这是很正常的一件事情，无论是成功人士，还是为社会做出巨大贡献的伟人，都曾经在人生的某个阶段体会过自卑。因为，自卑本身就是人类的一种自我保护机制。

为什么这么说呢？其实自卑心理归根结底，是来自和其他个体的对比。从生物学意义上讲，哺乳动物在野外遇到潜在的对手时，第一时间做出的反应就是迅速对比一下自身和对方的体型差距，以此来判断自己能否战胜对方。如果觉得自己身材吃亏，体力不济，往往就会果断认怂，选择撤退来避免一场恶斗。这就是自卑心理的最早来源。

所以，只要有对比，就会产生自卑，这是很正常的一件事情。

我以前念书的时候，在班上成绩算拔尖的，没想到后来转学来了一个哥们，上课不用怎么听讲，每次测验分数都稳压我。一次两次我

还觉得是侥幸，次数多了就产生了一种"怎么还会有这么厉害的人"的感受，顿时觉得自己太弱了，在他面前简直像个失败者一样。

从那时起，我每次见到这个同学在课堂上答题，都会产生一种深深的自卑感。放学偶尔遇到他，一起回家，我都会感觉低人一头，连话都说不利索；做作业碰到难题时，第一时间想到的也是这题人家肯定会做，为什么我却束手无策？那可能是我人生中第一次体会到那么强烈的自卑感，对于本身自尊心就很强的我而言，这种感受更加令人印象深刻。

直到后来，从老师那里得知了一个情况我才从这种挫败中出来。原来这个同学在转学之前已经多念了半年书，相当于我们这学期学的，他早就已经学过了，难怪连听课都那么漫不经心，却依然可以考得那么好。虽然说这个例子并不具备代表性，但当时的我，却依靠这件事获得了对抗自卑的一些方法。

在我看来，自卑分为几种不同的表现状态，也对应着自卑情绪的不同程度。

一、不可告人型的自卑

产生这种自卑心理的人，通常其他方面都和常人无异，大多数情况下也充满自信、很乐观，很难让人觉得他有什么自卑的地方，而其实，这只是因为他很好地把自卑的情绪掩盖了起来，或者说，只是不让别人了解到自己的短处，或者一些自身缺陷。

比如说一部我很喜欢的励志电影《奇迹男孩》，里面的主角小男孩就因为先天面部畸形，总是会被人笑话自己的长相，而选择戴上一个巨大的头盔，以遮掩自己的五官缺陷。只要在这层头盔面罩的保护下，他就会变得和正常人一样开朗活泼，甚至还会表现出自己超人一等的智慧和热情。然而当摘下面具，听见周遭的非议和嘲笑，他就会陷入无比自卑之中。

这种类型的自卑，其实是最为常见的。我很小的时候，也因为手眼动作不协调，而拒绝参加任何体育运动。后来一度发展到一上体育课，我就一个人躲起来看书，以此来隐藏自己的短处。

生活中类似的例子也屡见不鲜，而这恰恰说明了一点：既然每个人都有着自己的缺点和短处，那又何必时时刻刻总是想着展露出一个完美无缺的个人形象呢？要记住，你是一个活生生的个体，是一个真实的人，那么和别人相比就一定会有差异和不同点，如果你总是想要掩盖它们，你就会越来越觉得这些差异是可耻的，见不得光的，而事实上，它们并非如此。

我有个朋友天生五音不全，但是却从不惧怕和大家一起唱歌。用她的话来说："虽然总是唱歌跑调，但这才是真实的我啊！虽然音准很差，但我的感情很真挚啊！"事实上除了一开始大家会开开玩笑，后来完全没人会拿她的这个缺点当回事，大家都很喜欢拉上她一起去唱歌，还抢着帮她选曲目。

二、以偏概全型的自卑

所谓以偏概全型的自卑，就是说我们在和他人相处时，对于自己是很了解的，但是对于他人，就难免"一叶障目，不见泰山"了。因此，当我们看到别人在某个方面，展现出碾压自己的天赋，或者显示出非凡的能力时，便会因此产生一种自己低人一等的自卑感，而忽略了其实在很多其他方面，自己并不比这个人差。

举个例子，我们在网上看到某些专业文章，总是会为作者在这个领域的知识储备，以及深入的见解所折服，默认此人一定是个非常厉害的人，自己万万比不上。而实际上，很可能只是因为这位作者在这个专业领域钻研多年，水平不错，而在其他自己擅长的方面他则完全不如自己。

这就是以偏概全式的自卑，看到别人的优势，就会不自觉地对比自己，特别是自己本身在某方面就处在弱势的话，就更容易因为这种差距而加剧自卑，觉得自己完全比不上对方。

要消除这种自卑感，有些时候还真的需要一点儿鲁迅先生笔下的"精神胜利法"。也就是说，如果因为别人某方面的优越而产生很强的自卑感，就多去想想别人可能不如自己的地方，别一味地盯着他人的长处，莫名感叹为何自己这么弱。须知这种"胜利法"，其实并非要战胜别人，而是要战胜那个懦弱又自惭形秽的自己。

三、推而广之型自卑

如果说第二类自卑是因为别人的某一点优势，就误认为他有着全面性的优越，那么第三类自卑就是因为自己某一处的不足，便对自己进行全盘否定。

还是说一个身边的例子吧，有个朋友叫小谭，本身条件还挺不错的，个子挺高相貌中上，谈吐也落落大方。后来小谭工作时遇到了一个心仪的对象，就向她告白了，没想到对方很直接地拒绝了他。

那天之后，小谭就深受打击，开始对自己进行深刻的反省，先是质疑自己的穿衣品位不好，又觉得是自己表达能力不行，说话不得体；到后来甚至觉得自己赚的钱不够多，长得不够帅，学历也没人家高……然而真相是，人家姑娘只是觉得小谭年纪还太轻，没到适合谈婚论嫁的年龄而已。

推而广之型的自卑也不难克服，只要更加全面地认识自己，就不会轻易地产生全面否定的想法。多和别人接触，获得他人的肯定，也会从各个层面上减轻这种自卑感。并且，自身任何一个方面获得了提升，也会消解自我否定的心理。

四、技不如人型自卑

这一类自卑和前几种不太一样，当一个在很在意的某个点上，被别人比了下去，就会产生一种"完蛋了，我的核心竞争力不如人"的自卑感。比如前文提到的我念书时的例子就是这样，毋庸置疑，学习成绩是学生最看重的一个方面，如果在这个点上被别人碾压，那种自卑感会来得更加强烈，而且常常挥之不去，难以排解。

这就好比两个短跑运动员比拼一百米，连续几场赛事，每一次运动员A都战胜了B，那么B肯定会对A产生自己技不如人的自卑感，毕竟比赛成绩就是他俩的核心竞争力。同理，在现代社会，有很多人会因为自己挣钱没人家多而觉得低人一头，就是因为经济实力是这个社会展现出的核心竞争力，也是最容易进行对比的指标。

想要消除这种自卑感，就不再是简单的"精神胜利法"可以做到的了，而需要我们彻底转变心态。首先，你觉得某些人很强，你很弱，很可能只是因为你们各自的成长曲线不同，所处的阶段也不同。面对事业有成的人士，年轻人常常会觉得自叹不如，但人家打拼了多少年？而你只是刚刚起步，谈何对比呢？

其次，有些时候你完全不必太在意和某个个体之间的对比，或许他确实比你要厉害，你一辈子也追不上，但这又如何呢？只要你在整体中处于一个相对高的位置，那么那几个天赋异禀的个体比你强，并不意味着你就很弱啊！用平常心来看待这些差距就好了，好胜心太强，反而会让你因为自卑而抬不起头。

五、逆向自负型自卑

所谓"逆向自负"，就是说某个人看起来自命不凡，很自负，但实际上只是为了掩饰他骨子里的自卑。这一类自卑者，习惯于从别人的称赞中获得存在感，来战胜自己内心深处的自卑，而且，很容易对他人产生敌意，或者嫉妒之心。

要化解这种自卑感，其实方法和之前的类似，但首先要能够认清自我，认识到自己的自负只是一种伪装，一种自我保护。有了这样的认识，就可以发觉自己自卑的真正原因，再参照上面的四种方式进行排解了。

说了很多方法，但其实克服自卑最好的办法，就是让自己变强。只有自己足够强大，才会获得相应的强大的自信心，让自己面对各种场面都不会被震慑、被吓退，也不会因为强者的耀眼光芒而觉得自卑，相反，只会产生惺惺相惜的敬佩感。

自卑并不可怕，它就像你心中的影子，你内心的光芒越强烈，它就越暗淡，最后淡到消失不见。

● 如何走出长期失眠的状态？

前阵子去拜访一个朋友，发现他面色憔悴，交谈中总是瞌睡连天，当时以为是病了，仔细询问之后，才知道他从一个月前，就陷入了长期的失眠状态。每天晚上一到要睡觉的点，就开始变得如同上刑场一样：焦虑、忧愁、恐慌……越是担心自己失眠，就越是难以入睡，甚至明明身体已经很疲惫，但就是无法正常睡眠，搞得身心俱疲。

几乎每个人都经历过失眠的痛苦。我还记得自己第一次尝到失眠的滋味是在高中一次期末考试前，本来就因为第二天的考试而焦虑，再加上适逢欧锦赛期间，一位亲戚执意要熬夜看球，哪怕他音量已经开到很小，却依然扰得我夜不能寐……

后来念大学，参加工作，失眠的频率更是显著提升，特别是出国之后，长期一个人生活，失眠更成了家常便饭。遇到状态差压力大的时候，连续好几个晚上失眠也很正常。后来请教了两个通过自我调整，从长期失眠中走出来的朋友和一些专业人士，我总结出了一些方法，自己体验之后，觉得对于克服普通原发性（非继发性）的失眠很有帮助。

首先我觉得解决失眠最根本的方法，就是找寻最适合自己的作息时间。

事实上，很多人的失眠并不是真正意义上的失眠，只是作息混乱的情况下，无法在想要睡觉的时间点按时入睡而已。我以前有个室友，每天抱怨失眠，前半夜睡不着，到后半夜终于睡着后，却可以一直睡到第二天下午两三点。因而他的失眠，其实只是生物钟的紊乱，在他想睡觉的时间点，身体并不缺乏睡眠，因此怎么也睡不着。

反过来，我发现一个现象——老一辈人的睡眠质量往往比我们好。这很大程度上归因于他们的作息时间非常固定，比如我有个大伯每天按时五点起床，一到点就自动醒了，然后晚上到十点他就会困得不行，倒头就睡着了，循环往复，日日如此。

所以，对于绝大多数失眠患者而言，必须要把作息时间彻底规律化，才能从根本上解决这个棘手的问题。

那么，为什么要说找寻"最适合自己的"作息时间呢？这是因为每个人的生活方式不同，工作强度不同，精神压力也不同，不可能简单地借鉴某个"标准作息时间"。比如让一个年轻人过我大伯那种固定的生活，可能就比较困难。

为什么？这是社交圈子所致。如果朋友都是比较晚睡的年轻人，而你非要十点就睡觉，就相当于孤立于社交圈独自生活，这很难做到。试想一下吧，别人晚上夜宵吃烧烤，或者组队玩游戏，让你倒头就睡，你能不牵肠挂肚吗？满脑子都是这些刺激的念头，能睡得着吗？

所以，找到一个自己能够控制，又适合自己的作息时间表，并长久地坚持下去很重要。相信我，大部分的失眠都可以通过这样的方式解决。

或许你要抱怨了：你说得倒轻巧，这作息时间是我想改变就能改变的吗？你不知道我每次想早点儿睡觉，就是睡不着有多痛苦吗？或者好不容易按时睡着了，结果只睡了三个小时就醒来，然后又睡不着了，有多无奈吗？

没错，调整作息是一件挺困难的事情，我自己也深有体会，有些时候还必须借助一些方法。比如睡觉时，服用一些褪黑素，能够改善入睡时的状态，让身体放松，精神也不会那么亢奋。与此同时一定要定好闹钟，让自己准时起来；否则失眠晚睡导致晚起，晚起又导致该睡的时候不困，继续失眠，就会陷入一个恶性循环。

既然说到褪黑素，咱们顺便科普一些临床上关于失眠的研究。医学研究发现，失眠主要是由交感神经活性增高造成的植物神经功能紊乱引起的。人的大脑内有一个叫作松果体的器官，它每个昼夜都会分泌褪黑素，从而影响机体的睡眠与觉醒。而松果体是受交感神经所支配的，如果交感神经紧张度提高，就会导致松果体褪黑素分泌节律紊乱，从而影响睡眠。

值得一提的是，松果体所分泌的褪黑素的量，与光照情况息息相关。当光线进入视网膜，通过视神经传递到视交叉上核后，就会产生神经电冲动，再经视网膜下丘脑神经束传递到松果体，从而抑制褪黑素分泌。所以在夜间光照减弱时，褪黑素分泌水平又会增高。一般而言，夜间褪黑激素分泌量比白天多5～10倍，从日落后就开始升高，凌晨时会达到峰值，之后逐渐下降。

所以说，古人所提倡的"日出而作，日落而息"其实是有科学依据的，毕竟，夜间褪黑素水平的高低直接影响睡眠的质量，保持一个正常的作息习惯，而不是日夜颠倒地度日，对于解决失眠问题很有效。

通过对失眠机制的了解，我们还会发现光照的影响也是很大的。而在城市中，夜间的光污染非常严重，所以我建议在卧室尽量选用厚重的窗帘，尽可能地隔绝外界的光照影响，这样才能保证良好的睡眠质量。

另外一个调整作息的难点是如果平时睡得很晚，忽然某天很早入睡的话，往往仅仅睡一两个小时就会醒来。这是因为，睡眠分为非快速眼动睡眠和快速眼动睡眠。正常成年人在睡眠开始后，会首先处于非快速眼动睡眠，持续60～90分钟之后，再进入快速眼动睡眠，持续10～15分钟。如此一个睡眠周期便结束了。

一个正常人，一夜中这两种睡眠方式大约会交替4～6次，此后就会彻底清醒。而作息紊乱的失眠患者之所以会早醒，就是因为他们只经历了一个睡眠周期就进入清醒期了。但是遇到这样的情况无须太恐慌，因为人体是有着强大调整能力的，问题往往在于自己重新进入睡眠的准备没有做好。

比如睡了一两个小时醒来，觉得清醒无比，似乎很难再睡着了，就开始看手机，刷微博、朋友圈，大脑神经受到刺激，导致彻底清醒，这其实只是一种变相的晚睡而已，完整的睡眠被割裂了。

而解决之道就是即便清醒了，但依然要让自己保持轻松的状态，可以起身去上个洗手间，活动一下肢体，然后平躺继续睡，中途记得不要玩手机，不要做容易让自己兴奋的事情。一般而言，这样的状态会让你很快进入下一个睡眠周期，想想你正常睡眠时的赖床，不就是这样的吗？

另外，睡前切记不要看一些刺激恐怖的内容，也不要打紧张激烈的游戏，这会让你的大脑处于一种应激的兴奋状态，想保持平静就很难了。睡下之后，最好把手机放得远远的，正如上面所说，很多人睡不着的第一想法就是去摸手机，杜绝这样的习惯，才能让睡眠稳定持久，不被打断。

至于一些催眠的方法，比如睡前喝牛奶，更换卧室的布局，睡前听音乐，聆听自然界的声音等，这都是因人而异的，如果发现有效果，可以长期尝试，没有效果也不用气馁，毕竟这只是一种心理抚慰的方式而已，真正要解决的，是心理的不健康状态。

是的，除了作息不规律，不健康的心理状态是失眠的另一重要原因。而很多时候，心理因素又是环环相扣的。

依然拿我的亲身经历举例，某次我想到第二天有一个很重要的任务要完成，需要早起，此时我就会给自己两个不好的心理暗示：一个是紧张、工作压力大的暗示，以及必须完成任务所产生的焦虑感；一个是逼迫自己快点儿入睡的暗示，因为很早就要起来，如果睡眠不好，状态不佳，第二天完成任务就会难度加大。

可想而知，这两种暗示不断交替，最终就会让我陷入一种极度焦虑、恐慌的状态，在这样的心理状态下，想不失眠都难。

如果只是一晚上失眠，那还不是什么大问题，但如果长期处于一种高压、精神焦虑的状态，又因为失眠导致每晚都对于入睡产生恐慌感，症状就会形成叠加。长此以往，就会进入长期失眠的状态。

所以，要走出这样的状态，并不是简单地处理失眠就可以实现的，而需要完整的心理调整。一方面，减轻工作压力以及负面情绪对自己产生的影响，一方面不要对于失眠本身产生过多的焦虑。这时可以找一些让自己分心的事情，比如结交一个新朋友，和长期没有联系的老朋友联络一下感情，看一本很精彩的长篇小说等，其目的就是在入睡前，可以想一些让自己开心、平静的事情，而不是一直深陷于那种紧张、恐慌中。

最后，解决失眠还有一个非常有效的方法，就是加大每天的运动量。身体疲倦了，自然也就突破了一切心理屏障。很多人失眠的一个原因就是每天宅着，运动量过低，导致自己没有那么强烈的睡眠需求。

第四章
做清醒的自己，
人生才有未来

迷茫期并不可怕，

人人都会经历，

每当走出它的纠缠之后回头再看，

你会意识到自己收获良多，

是的，远比你想象中更多。

● 你那不是执着，是固执而已

曾经有人问我，为什么看上去同样的行为，有些人就被称赞为"执着、坚持不懈"，而有人就被批评为"固执、冥顽不灵"呢？

说实在的，我也思考过这个问题，某段时间，我觉得其实二者没有什么不同，甚至认为二者本质上只是一种唯结果论的差异判定而已。比如同样的事情，你坚持自己的意见，最后做成功了，众人会纷纷赞扬你执着；反之如果最后你失败了，所有人就会认为你固执，不听劝。

事实上真的如此吗？

我先跟大家说两个故事，第一个是关于我父亲朋友的儿子小陶。从国外归来后，小陶在家人的安排下去了一家服装厂工作，在厂子里一干就是五年。这期间小陶一直任劳任怨，完成了上司布置的各种任务，因为做事踏实稳重，很受上司的器重。然而，就在上司准备提拔小陶，让他担任项目经理的时候，小陶却做了一件令人意想不到的事情：主动提出了辞职。

后来才知道，原来小陶选择辞职的原因，是他决定去自己创业。

不用说，这个决定一出来，大家都觉得非常不理解。包括小陶的父亲在内，许多人都劝他，已经做到这个份上了，上升的通道也初步形成，老板又赏识你，为什么非要辞职自己去干呢？他的父亲甚至举了各种例子，证明想要创业成功是多么困难的一件事情。

然而，小陶依然坚持自己的想法，并一步一步地进行下去：确定合作伙伴，注册公司，联系生产和销售渠道，等等。三年之后，小陶的服装公司已经像模像样，不仅自己的品牌在网上卖得不错，还接到了不少大品牌公司的贴牌生产订单。早已实现财富自由的小陶，已经成了"陶总"，不仅开着引人艳羡的豪车，全款买了套房，社会地位更是完全不同于过去了。

后来我有次去他家做客，刚巧小陶正在厂里忙，没在家。不过他们一家提到小陶时，都是不住地夸小陶厉害，说他有担当，有主见，坚持自己的想法，够执着。他父亲说，后来才知道小陶选择创业还有一个重要的原因，就是想赚更多的钱，让家里人过得舒服些。

接下来，我们再聊另一个故事，这个故事的主人公是我一个朋友，叫作小董。和小陶一样，小董也是个海归，也是在家里的安排下，去了一家制药厂工作。其实熟悉小董的人都知道，他从大学起就一直想着要创业，和朋友聊天的话题，也三句话不离创业。但是他家里却一直希望小董不要那么浮躁，因此希望他去制药厂好好上班，先熟悉下社会环境再说。

不过小董显然不愿服从家里的安排，只干了半年就辞职了。因为这个，他还和家里大吵了一架，小董认为家里人总是限制他，从不让他按照自己的想法去做。而且创业是小董的夙愿，这一次他拒绝听从家里人的意愿，一定要"不忘初心"地做下去。

辞职后的小董，找到大学时一起策划过创业的几个人，和其中两个人合伙注册了一家公司，做白酒买卖。后来我问小董为什么选择白酒买卖，他说因为他们三个合伙人讨论了一下，白酒是他们共同了解的唯一商品。

这显然是一个非常缺乏思考的决策，小董他们很快就暴露出经验不足的缺点，也随之产生了大量的问题，而且经营方面一直看不到什么盈利的可能。另外两个合伙人越来越觉得白酒经营这潭水太深，有点儿想放弃了，但小董却觉得如果不能坚持下去，就什么都得不到，因此他努力劝说大家继续。

然而事与愿违，最终小董的公司还是因为经营不善、缺乏资金、销路始终无法打开而不了了之。大家一提到小董，都会说这个人太固执，不听人劝，总是一意孤行。

两人都是创业，一个很成功，一个非常失败，他们得到的评价却截然相反，这是以成败论英雄吗？

我觉得，至少可以说不完全是。固执和执着二者虽然只有一字之差，却反映出完全不同的一些东西。我们下面就来详细说一说。

一、固执的人，总是以自我为中心

很多时候，如果一个人表现得非常固执，对别人的意见采取完全不理会的方式对待时，往往反映出这个人是以自我为中心的。换句话说，在他的心目中，自己的意见和想法权重极高，至于别人的意见，和自己相同的还能听听，相左的那就完全当作耳旁风，毫不理会。

小董就是这样一个例子，在他的观念里，"创业"就是他最重要的事情，为了实现这件事，他完全不听家里的意见，哪怕他的家人并未彻底否决他的想法，而是让他先沉淀几年再说。但这些建议在小董那里就成了"总是和自己对着干"的言论。

反观小陶，他选择创业虽然也是自己的想法，虽然他也顶住了家里的反对意见，坚持去做自己想做的事，但是他的初衷并不仅仅是为了自己，他还想让家人过得更舒服一些。不要小看这么一点儿差异，这意味着一个固执的人只会为了自己而孤军苦战；而一个执着的人在心怀他人的同时，也会获得更多的前进动力。

二、固执的人对自己的定位不准确，经常对自己评价过高

以前看《三国演义》中官渡之战的章节时，总是会惊讶于袁绍为

何会拒绝一切对他有利的劝谏，而曹操却能听从下属谋士的各种建议。后来我想，可能是因为两人对自己能力的定位完全不同：出身于四世三公家庭的袁绍，作为一个含着金汤匙出身的孩子，想必从小就受到全家各种追捧，毕竟他能做到一方霸主，真实能力应该还是有一点儿的。但是周围人过度的吹捧，会令袁绍对自己丧失正确的判断，他因此也就变成了一个看来固执到愚蠢可笑的人。而曹操呢，相对低微的出身会让他更加懂得审视自己，也更了解自己的能力大小，表现在决策中，就是从善如流，能够听从谋士的意见。同样地，曹操之后的实力急速扩张，也导致他个人膨胀，对自己丧失了准确定位，从而导致了赤壁大败。

在我说的两个例子中，也完全体现出了这一点。小陶之所以敢于创业，是因为他学的就是服装专业，后来在服装厂工作了五年，把上上下下各种路子都跑通了，有了丰富的经验和知识，人脉和渠道的积累也足够了。所以，在那个时间点，即便没有未卜先知的能力，他也清楚地知道自己差不多"成了"。之所以说他的创业是一种执着的坚持，主要还是因为他清楚自己的能力。

而小董呢，学的是制药，在制药厂干了半年，没有任何积累就贸然跑去卖白酒，这样的创业说毫无准备完全不为过。但是他却对此没有清醒的认识，觉得自己一直在琢磨如何创业，到处学习和人交流，已经有了创业的积累，而实际上呢？这些都是纸上谈兵而已。

这和第一点其实也是有共通之处的，当一个人长期以自我为中心，就自然而然地会对自己的评价变得过高，也变得更加固执。

三、固执的人，看不到大势的变化，总一条路走到黑

固执的人，最常见的一种心态就是，管他三七二十一，反正我就是要这样，我行我素。这样的行为，每每令我联想到那种两眼戴着眼罩的驴，只会不断地绕着圈原地打转，因为它们看不到外界的变化，只知道听从自己的想法。

或许我们可以说，小董当初决定辞职创业，还算是一种对梦想的执着，但是后来各种问题频发，他无力化解，销售数据一直走低还无动于衷，就属于盲目自信的固执了。我们常说不该害怕失败，应当勇于试错，但这应该建立在一个大前提之下——你真的有解决问题，避免不断失败的能力。而小董所面临的麻烦和失败，其实是在提醒他：这条路并不适合你，或者说，你高估了自己的真实水准。

再举一个例子，我有个做新媒体的小伙伴，中文系毕业的，曾经在某著名电视台做过记者，做了十年左右自己出来做自媒体了。不用说，一开始也是阻力重重，各种不看好的言论包围着他。但是这哥们就是不信邪，坚持要做下去。

为什么他这么相信自己能成功呢？就在于他看到了自己积累粉丝的速度，那条不断上涨的曲线告诉他，这是未来的趋势，流量为王的潮流会主宰未来的媒体行业。同时，他的创作能力也在不断提高，灵

感和脑洞一个接一个出现。后来这哥们的确做得很不错，算是垂直领域内的头部自媒体。

能否看清大势，进而反省自身，这就是执着和固执的一大区分点。

四、某些固执，其实只是为了满足身份的扮演

这句话是什么意思呢？就是说有些人看似执着，其实只是为了表现自己执着的属性而强行执着，这本质上还是一种固执。这种行为充其量只是为了满足自己对自己的虚幻印象，就跟一个人为了体现自己的男人气概，一言不合就要动拳头，满嘴兄弟义气是一回事。

有些人可能天生对于那些执着而成功的人有崇敬感，于是立志也要做那样的人，凡事都要表现得很独立自主，坚持自我，可说句不好听的，这只是模仿了一层肤浅的皮毛。那些成功人士所付出的汗水和实际行动他们模仿不来，只能从人家的外在着手，东施效颦。抱歉，人家的自信心是建立在努力的基础上的，那可真不是装出一副"我很强，我很执着"的样子。

当初BEYOND的经历和励志故事感动了无数人，多少人辍学去玩音乐，搞乐队，然而真正做出点儿模样的又有多少呢？又有多少打着热爱音乐的幌子，实则只是厌学贪玩呢？

其实，说了这么多，要真正在现实中区分出自己究竟是执着还是

固执，依然是有一定难度的。总之，我们不放弃自我，不忘初心肯定是对的，但也不能误入歧途，要学会多多审视自己——是否真的有实现目标的能力，是否真的付出了足够的汗水。

● 你信神信鬼，就是信不过你自己

上个月，有个小朋友非常兴奋地要请我吃饭，原因是她的雅思考了一个不错的分数，去加拿大念硕士的计划终于有着落了。看她那么开心我也挺欣喜的，毕竟这其中我也助了一份力，教了她一些如何在短时间内复习雅思的方法。

一路上她兴致极高，眉飞色舞地说起她整个复习备考的过程，从一开始毫无底气，到被劝说之后终于下定决心去准备，再到考前各种焦虑甚至准备放弃考试等。当然，这些可能不太愉快的经历在考试成功之后，都变成了充满回忆的谈资。

然而，后来她说了自己临考前做的一件事，让我觉得有点儿诧异。

她说，当时离正式考试不到一周了，她觉得自己心态很差，最后几轮做模拟题的时候，发挥也很不理想，于是便开始怀疑自己，不知道自己到底能不能考得上。于是她在网友的提议下，去找了当地一个小有名气的塔罗牌占卜师，让她帮自己占卜了一次……

占卜结果非常好，那一瞬间这个小朋友仿佛得到了心灵的慰藉，一下子信心大涨，不再多想就去考试了，然后就考出了这样的成绩，令她觉得很开心。更重要的是，她说这件事时的眼神，让我相信她觉得这次占卜是至关重要的，甚至是她能够通过这次考试最为关键的一个因素。

说真的，当时我听说这些之后，第一反应是觉得有点儿滑稽，有点儿莫名，但很快便觉得有些理解；毕竟，同样的事情，几乎从我们人类产生自我意识之后就一直在做了。

当人类进入石器时代之后，开始对于周遭的世界有了一定的理解，对于自然界中万事万物的运行规律也有了一定的认识，但有太多的事情是属于未知的。比如每年河水为什么会上涨，为什么有的时候会演变成为汹涌的洪水？又比如为何有的年份降雨丰富，庄稼长势十分喜人；反过来有些年份就大旱无雨，田地里颗粒无收呢？

而当这些未知的事情涉及生产生活时，就必须要想一些办法来对其进行预判和检测，其中之一就是占卜。

类似的方法还有祭祀。在神职人员的引领下，全体人员对自然界的神灵举行祭祀仪式，以此来期望获得自己需要的未来。比如一个风调雨顺的来年，一场和其他部落战争的胜利等。

总而言之，这些行为就是当我们遇到一些超出自己控制范围，又不知道其结果会怎样，特别是结果对于自己还相当重要的情况下，让自己得到心理暗示或是心理安慰的手段。

我那位朋友考前去寻求塔罗牌占卜，也是一样的道理。如果说塔罗牌还算是比较传统，比较成系统体系的一种占卜方式的话，那么其他一些，就只能让人啼笑皆非了。

比如，我曾经在网上见过一种论坛发帖回帖式的占卜，发起人说只要你像发帖一样发出自己的问题，再根据显示的发帖时间的秒数，就能找到问题的答案。这种帖子的发起者还真煞有介事地给出从0到59的60个套路，分别对应一些问题的解答。显然，这些套路都是他灵机一动想出来的，然而参与者却数以万计……即便他们中绝大多数只是出于好玩，想尝试一下的心态，但你无法否认，还真的有一些人，愿意虔诚地相信这样的网络占卜。

再说回之前那个朋友，在听她说完那件事之后，我没有直接评价好坏，而是同她说了一件事情。

那还是在我小时候，当时有一个全国范围内很有名气的杂技团，到我们那去巡回演出。父母也带着我去看了其中的一场，可以说是令幼小的我大开眼界。

即便过去了很多年，我依然可以清楚地记得这场表演全程都很精彩，其中有一个节目更是令我难忘：那是一个女杂技演员的单人表演，她用自己身体的各种部位：手、脚、头、腰肢、背……顶起了无数的碗，而且每个碗都在快速转动。

　　大概因为那时的我已经体验过打碎碗的感受，所以看到这一幕真是心惊胆战，那些摇摇欲坠的碗，只要轻轻碰一下，或者有一个突然发生的晃动，就会滑落下来，摔个粉碎。然而这样的事情却完全没有发生，整个节目非常成功，最终女演员稳稳地取下了所有的碗。

　　一直处于震惊状态的我拉住了母亲："为什么她可以控制得这么好？每一个碗都像被她牢牢攥在手心里一样，难道她不担心有任何意外发生吗？"

　　母亲笑言："傻孩子，在你看来，她的表演充满了不确定性和意外，然而在她那里，你觉得的未知都是她的已知。毕竟她为了这个节目，已经练习了那么久，花了不知道多少功夫……"

　　的确，如今回忆起来我可以说，这位杂技演员真的是把各种意外都排除在外了，她完全掌控了这一出节目。或许，在上台之前，她也需要一些心理暗示来肯定自己，比如手上缠绕一根代表幸运的红绳，或是默念几句只有自己才懂的口诀之类，但真正决定成败的，是她多年来的辛勤练习。

　　我的这位小朋友听完这个故事，也似乎明白了。之所以寻求塔罗牌的占卜，无非是想最后给自己一点儿勇气和信心，至于让自己雅思考试得以通过的真正原因，还是几个月来的复习和准备。看似考试的结果是个未知数，但是自己所实际付出的这些努力，已经在不知不觉中，将那些未知变成了已知，只是自己还察觉不到，或者没有彻底相信这个事实而已。

其实，更多的时候，我们并非对未知的结果忐忑不安，而是不相信自己，总是觉得自己做不到，甚至在自己努力之后，还是不愿相信它所带来的提升。

我并没有直接否定朋友塔罗牌占卜的行为，因为我也知道这是人之常情，我自己也曾经做过类似的事情。当时我刚在美国念完硕士不久，想快点儿找份工作在当地立足，然而却一直很不顺利，投出的简历全都石沉大海、杳无音信。这时候我的一个美国朋友教给我一个歪招：把那些准备应聘的职位全部写在一张大纸板上，然后丢出一个蘸上墨水的乒乓球，看球的痕迹滚在哪几个职位上，就说明这几个职位有戏，要精心准备。

在巨大的压力之下，我鬼使神差地信了，真的按他说的去做了，果然"乒乓式抽签"抽到了四个职位。我看了眼，觉得这几个还真的成功率挺大的，于是花了很多精力去找人家的公司资料，了解产品、企业文化、发展方向等，面试英语也练习了很久……

结果呢？四个全部黄了，不是面试之后HR委婉地把我否定了，就是压根儿没收到面试通知。要说不沮丧，那是不可能的，但就在那一刻，我没有想到放弃，反而深受刺激：我还就是不信这个邪了，我不要再玩什么"乒乓抽签"的把戏，老老实实对每个职位都做好认真准备，就不信找不到工作！

打定主意之后，我在准备工作中惊喜地发现，之前做的那些工作也不是白搭：有了前面那四份工作的准备经验，再准备其他公司类似的职位，突然变得很轻松，有种驾轻就熟的感觉。而且练习过了面试口语之后，再练习起来就容易多了，磕巴忘词什么的几乎没有，自然也更加自信了。

关键的一点是，这时我虽然还没有收到任何offer，但在我内心深处有着强烈的预感：我一定可以在一个月之内找到工作！事实上，仅仅一周之后我就面试成功了，毫不夸张地说，在面试的时候我就越来越自信这次妥妥能搞定。

事后我想，如果当初我没有精心准备，没有培养起自信心，那么每一份工作，每一次面试，对我来说岂不都是一个完全未知的考验？也许我真的只能靠求神拜鬼来寻求一个心理寄托。但是当我认真准备好，心里有底之后，我自己潜意识里就已经把大部分的未知变成了已知。

是的，谁都知道人生充满了各种不确定和未知，很多情况下我们也的确无法做到精确预测不可知的未来，但我们却能掌控，属于自己的那一部分。

而更重要的是，很多和我们生活息息相关的，又看似不可确定的事情，其实就在自己能够掌控的那部分之中：考试、升学、找工作、升职加薪……那些看上去总是牢牢掌控着自己人生的人，其实只不过是做了许多你没有看见的事情，从而把许多可能出现的干扰选项都预先排除了而已。

请相信，当你怀着激动和兴奋的心情翻开那张占卜的卡牌之时，其实它的内容，早已写在了你的人生轨迹里。

● 怪别人爱炫耀？明明是你自己太弱

有一件在我旅游期间发生的事，令我觉得非常不舒服，不吐不快。当时我陪一个朋友在某个国内相当知名的博物馆参观，随着参观的进程，我们越来越折服于这里的馆藏数量和质量，不由得越来越兴奋。再加上同行的朋友对这一块的历史文化恰好极其了解，甚至可说是如数家珍，我俩就守着每一个展台，滔滔不绝地分享着对于展品历史背景的见解。

这场头脑风暴的碰撞本来很开心，也很受用，偏偏此时身后传来一个不和谐的声音："臭显摆啥啊，懂点儿文化了不起吗？"

也许说话者原本只想来一句腹诽，但他却没能控制好音量，刚好被我们听见。我不想去描述此人的穿着打扮，给人的感受，以免犯了以貌取人或是以偏概全的毛病，但那一刻我的的确确能够感受到内心不断涌出的愤怒：我们哪里显摆了？又不是讲给你听的！

心情稍许平静下来后，我又开始琢磨此人说话的动机以及心态，一边分析一边推测，火气立时消了大半，觉得这种事情还蛮常见的，至少我绝不是第一次遇见。它让我想起数年前的某个故事片段。

故事的主角一个是我的好朋友小秦，另一个是她在托福班认识的朋友瑶瑶。瑶瑶是外地姑娘，来我们所在的城市学英语，暂时租住在这里。小秦觉得瑶瑶人生地不熟，出于好意就经常带她去市里逛，后来关系更亲密些之后，还会特意带着她去一些本地比较有名气的餐厅吃饭。

按理说，这些都是一种高情商和打造良好人际关系的体现，小秦也从来没有觉得自己这么做有什么问题，而且她本身也是一个习惯于让别人觉得相处舒服的人。

可惜在和瑶瑶的相处中，这一切都没有让两人的关系变得更近。某次当小秦带着自己精心烘焙的甜点，去瑶瑶的住处看她时，居然遭到了对方的一阵抱怨：瑶瑶觉得小秦身上充满了来自优渥家庭的优越感，并且在一举一动中都故意体现出这种浓浓的优越感，这让她觉得很不舒服，她也很不愿意被这样的感觉所包围。

实话实说，故事的两位主角的确出身并不相同：小秦是典型的中产阶级家庭，父母都是收入不菲的白领，自己也很争气，一路念的都是好学校，刚毕业就收到好几份录用信，最后进了本地一家很不错的外企。因此她平时生活的确可算是衣食无忧，选择的消费品即便不是奢侈品牌，也一直注重品质。更重要的是，她平时和朋友一起花钱时的那种大方，一看就是大家闺秀的感觉。

与她相比，瑶瑶的家庭背景可能就没有那么好，虽然她没有透露过具体的信息，但是从一些生活处事的细节上，都可以感受出她那种本能的拮据，甚至有一些小气。

而小秦显然并不是一个不懂事的姑娘，恰恰是能够理解瑶瑶的苦衷，所以她才会格外注意这些细节，尽量自己多买单，在出行打车、买个奶茶这些小事上，也都是她主动付款。没想到，就是这样的大方，却给了对方"优越感爆棚"的吐槽点。

自己的好心被这样曲解，小秦自然也很气愤，然而在之后的对话中，小秦才了解到了对方更多不满之处：比如瑶瑶一直觉得，小秦是故意去那些高档的商场，吃饭也故意选择去那些消费水准高的餐厅，而瑶瑶认为自己根本没有达到那个消费档次。此外，虽然大都是小秦来买单，但是这更加增长了瑶瑶内心中的不平衡感。

平心而论，小秦的日常生活就是这样，她完全没有任何故意抬高自己，或者炫耀给别人看的想法。相反，她一直觉得自己能够努力工作挣钱，就是因为有对更高的生活品质的向往。而瑶瑶之所以会这样认为，很大一部分原因是在双方条件差距很大的交往中，她一直处于自卑的心理状态。

说实话，我觉得自卑不是什么问题，正常人都会在不对等的接触中，自然而然地感受到彼此之间的差距，由此而产生自己不如别人的自卑感。但是，在这种自卑的情绪影响下，不想着怎样让自己提升到对方的水平，而是觉得别人做什么都是在炫耀，那就很可笑了。

事实上，并不是每个人都要在你面前炫耀，而是你自己太弱了。

类似的例子还真不少，以前我上班时有两个同事，其中一个每次都对另外一个看不顺眼，究其原因，就是那位同事每次说话时，都喜欢带几个英文单词。久而久之，就惹得这一位极其不满，经常背地里说：就他懂英文？崇洋媚外。

而事实上，经常冒英文单词的那个同事，早年曾经在英国念过本科，很多专业性的词，第一反应都是英文；而且说实话，有些词的确英文表达更准确一些，毕竟这些概念原本就是外国人发明出来的。

但是到了那位同事那里，一切就变了味，因为他自己毕业后英文早就丢一边去了，听见有人说英语，就深深觉得受到了刺激，内心里其实还是在为自己匮乏的词汇量和低水平的英文而自卑。

这确实是一个颇为常见的现象，瑶瑶对于小秦那种情况，推而广之甚至可以被视为仇富的表现之一：彼此的经济状况差距很大，生活水准也有明显区别，导致低收入那一方觉得对方是在炫富，做什么都是赤裸裸的炫耀。

更奇葩的我也遇到过，拿起手机看到别人发朋友圈，就开始止不住地数落，只是因为人家晒各种海外美食，他只能天天蹭苍蝇馆子；人家冬天滑雪夏天潜水，他一年到头只能靠打麻将赌点儿小钱当消遣；看到人家晒新车晒新房，那就更不得了了，搞得好像全世界都辜负了他一样……

但是，当你急着仇富的时候，有没有想过人家打拼的辛苦？光知道眼红某个成功人士娶个美若天仙的女生，想过人家骑个自行车顶着炎炎烈日发传单的艰辛吗？光知道盯着马云的百亿身家怪上天不公，有本事你也像他之前一样干搬运工，给杂志社蹬三轮送书啊？

明明是自己弱小，不想着让自己变强，却只能眼红别人，觉得是别人在故意炫耀。觉得不公平？抱歉，这世界上还真没那么多不公平，也真没那么多高调爱炫耀的人。

至于开篇说的那类人，那就另当别论了，他们或许不炫富，但是他们天生就对知识有抗拒心理，看到有知识有品位的人，就自惭形秽，觉得自己是个没文化的大老粗，觉得别人都在炫耀知识底蕴。说实话，我遇到那些各种领域内的高手，会由衷地钦佩对方，也会觉得自己八辈子也赶不上，但我想的是怎样从他们那里汲取到宝贵的知识财富，而不是避而远之，甚至恶语相向，来一句酸话：你有啥了不起，不就是多读了几本书嘛！

对于这种风气，也有一个类似于"炫富"的词用以概括，过去叫"装大尾巴狼"。

那个在博物馆里撞见的人，大约就是个抱着走马观花到此一游的心态的人，既不会好好对展品做功课，了解那些背景，更不会参观之后，觉得自己收获颇丰，于是遇见别人讨论得热烈，才会冒出"有啥了不起，都是装"的自卑想法。

在网络上这样的故事更常见，某个网友对于某个事件见解很深，下了很大功夫写了一篇透彻分析其前因后果的文章，为了严谨性又引经据典，还特意查了不少深奥的学术论文，放到另一位网友眼里：这写的都是什么玩意儿？我每个字都认识但为啥一个字都看不懂？于是愤愤不平地留言：装！

得了吧，就不能老老实实正视自己的弱小吗？就不能想办法改变那种差距吗？

其实，当自己出现这样的情绪时，不妨换一种心态，在清醒意识到自己的差距，并且努力去缩小这种差距之后，你会发现自己的感觉也完全不同了：之前觉得别人是炫耀，但自己强大之后，就会慢慢认可别人的成功之处，发现别人真正厉害的地方，于是懂得了欣赏。

高手之间的惺惺相惜，不都是这么来的吗？毕竟，只有强者才会懂得欣赏，而在弱者的眼里，处处都是针对他的刺激。

●所以，这是个"寒门难出贵子"的时代？

相信许多人都听说过一个说法，叫作"寒门难出贵子"。关于这个话题，各种争议非常多，甚至我很尊敬的几个前辈，一聊到这个话题就会各执一词，有时还会激烈地吵起来。关于这个话题我也有一些自己的看法，毕竟这本身就和每个人的经历息息相关。春节期间我去了一趟乡下，见到了几个许久不见的远房亲戚，其中一个的经历，就让我对这个话题生出许多感慨。

这个亲戚小名叫磊磊，小学的时候我就见过他，当时给我的感觉，就是一个非常内向的小孩，说话总是怯生生的，每次我试图主动找他说话，他都会躲在边上不怎么开口。

然而后来我发现，只要一让磊磊去做奥数题，这孩子就立马像换了一个人，唰唰唰地在草稿纸上不停地动笔，各种难题都能很快解出，面部表情也突然充满了自信。可以看出他对此真的非常有兴趣，事实上他的成绩也证明了他的数学天赋的确是远超身边其他孩子的。当时我就觉得很震惊，也很好奇他以后会发展成什么样。

那次离开之后，我还会经常问起磊磊，想知道他上了什么学校，成绩是不是还是那么出色。当听说他念了当地一所还不错的中学时，我还一度觉得他有机会考上北大清华的。然而，当我知道他高考成绩很差，最后只念了一个大专时，在觉得有些失望之余，更想弄清楚后来究竟发生了什么，才会变成这样。

这次春节又见到了磊磊一家，我才大致明白了其中的原因，这也构成了我写这篇文章的原始想法。

首先，一个人能否取得成功，和他家庭所能给予的支持是息息相关的。

诚然，个人的奋斗很重要，古今中外也不缺那种无依无靠，只凭自己就闯荡出一片天地的杰出人物。但是，有更多的例子证明了，无数的成功人士背后，都有着强大的家庭，甚至是家族势力的支持。

当我第一次去绍兴的鲁迅故居时，就为周家的显赫家世所震惊，那样古老而气派的祖宅背后，蕴含多少代积累下来的诗书底蕴和巨大家产。类似的例子数不胜数，从钱钟书、梁思成、徐志摩、张爱玲，到比尔·盖茨、埃隆·马斯克等，各个厉害人物的背后，都有着家庭环境潜移默化的影响力。

而磊磊的家庭，是那种最普通的农民家庭，父亲负责种田卖菜，母亲在乡镇工厂做工。可以说除了生活费、学费以及日常的照料之外，磊磊很难从父母那里获得对学习有帮助的东西。磊磊的父亲对于如何培养教育孩子一窍不通，这从一件事上就能反映出来：在孩子对外界事物特别好奇的时候，他特意给磊磊买了一部手机。从此之后，磊磊就像打开了新世界的大门，很难再像过去一样把精力全部投入在学习上了。他的父亲自以为给了儿子一份难得的物质奖励，没想到却间接害了他。

其实相比于某些家庭，磊磊的父母已经算不错的了。我在美国时曾经租住在一户独栋房子里，楼下的租户是一个单身父亲和他的两个儿子。每次我上楼经过他们家门口，都能闻到浓烈刺鼻的酒味，除此之外，我还经常听到这位暴躁的父亲狂暴地对他两个孩子破口大骂的声音，骂得非常难听，间或还有动手的声音。可想而知，在这样的家庭环境下成长的孩子，学有所成的可能性会有多低。

可见，寒门出身的孩子，在起跑线上就落了下风。但是说到寒门，很多人只注意到了那些家庭的经济状况，却忽视了其他方面。

这就是我想说的第二点：寒门家庭往往限制了一个人的眼界和思维方式。

我曾经问过磊磊的父亲，对于儿子的现状满意吗？他回答说挺满意的，能这样已经不错了，自己当年连书都读不了，初中就出来干活儿了。我无意去质疑别人家庭的幸福与否，我只是觉得，磊磊没有能够变得更优秀，和他父母的眼界是分不开的。

他的父母一辈子没有出过几次远门，觉得能上大专就已经很不错了，他们认为人不需要实现个人的成功，只要能一辈子苟活就够了。而且，他们从来没有过什么打拼的念头，得过且过安稳度过一辈子就足矣。所以，哪怕磊磊少年时代曾展现出一些异于常人的天赋和能力，也在父辈这种思想中渐渐被磨灭，泯然众人。

况且磊磊父母的思想还远远不是最落后的，我认识的一个女生小芬，已经大学毕业，但她家里从来没有考虑过任何她的个人事业，永远只要求她赶紧找个人嫁了，然后就是相夫教子……究其思想根源，在于她家里把所有的资源都留给了她的弟弟。是的，即便在如今的社会，这种重男轻女的思想依然存在。如果小芬真的想要有自己的人生，前提就是远离这样的家庭，但大多数人都无法做到如此果决。

更极端的例子，就是有些父母从来不知进取，好逸恶劳，成天过着好吃懒做的生活，指望着投机和不劳而获的一夜暴富，对子女不闻不问也不加以管教。他们的行事风格和处世思想，也会传递给孩子，试想在这样的环境下，下一代又如何能自发地进化出不可思议的上进心？

为什么越来越多的城市中产阶级家庭，会把很小的孩子送去国外旅行、游学，就是为了让他们见识一下更大的世界，眼光变得更开阔。同理，一些西方的精英家庭，也会把孩子送到中国来感受下这个高速发展的国家现状，这样会增强其孩子对东方文化的兴趣，思想也会更加成熟。

再者，就在于寒门出身的孩子，相对而言整个社交关系网都是封闭而落后的。

这是什么意思呢？以磊磊为例，不客气地说，磊磊高中时期身边的朋友，大多数都是些目光短浅的平庸之辈。而磊磊别无选择，只能跟他们为伍，久而久之也便丧失了自己的长处。特别是当一个人长久处在一个非常封闭的环境下，就会逐渐丧失竞争意识，也不愿意再想办法打破自己的现状。

我有一个初中同学，以前成绩还不错，后来中考发挥失常，只能去到一个很差的高中，在那里他就"入乡随俗"，和一群"古惑仔"称兄道弟，小小年纪就开始混社会，后来还因为抢劫被判入狱。如今的他，痛悔过去的那段岁月，总是会提到如果当初念的是另一所高中的话，他的朋友就肯定不会是这样的群体，他也不会过这样的人生。

这就是我想说的很重要的一点：寒门出身的学子，所享受到的教育资源也是相当匮乏的。

我一个前同事最近总是在朋友圈发状态抱怨，说连孩子上幼儿园的钱都快出不起了，以后还有小学、中学、大学……一问才知道，他的孩子上的是市里排名前三的幼儿园，那里有最好的幼师资源，老师是最好的，连做饭的阿姨也是精挑细选的。但是相对地，想进这样的幼儿园，所需要的不仅仅是各种费用，甚至还要动用各种人际关系。

过去我一直质疑这些做法有什么意义，难道幼儿园阶段的教育，真的就能改变一个人的人生轨迹吗？最近接触的孩子多了，我发现也许真的是这样。那些从知名幼儿园出来的孩子，他们的语言表达能力，思维活跃程度，甚至连动手能力和兴趣的培养方面，真的要比普通幼儿园出来的孩子强一些。原因其实很简单，那些优质幼儿园的老师，往往自己上学时接受到的就是更先进的幼教理念，各种经验也都相对更丰富，更专业，这无疑会扩大幼儿园的教育优势。

另外一个很重要的点在于，从优质幼儿园毕业的孩子，去到优质小学的概率也会增大。这其实就是一个教育领域的上升通道。毕竟优质的教育资源所带来的，是更高的成材率，同时也是上升阶段潜在的敲门砖。

再说到磊磊，即便他高中念的不是那所很普通的中学，而是他所在县里最好的高中，他也不一定能出人头地。因为那所县中的教育理念就是极端的军事化管理加超大规模的题海训练。是的，我承认这样的体系的确能对付高考，但是它很可能只是强逼着学生去应付高考，而不能开发出一个人真正的能力。这种模式带来的反噬效应也是很可怕的，很多人一旦脱离了那个有人推着前行的环境，就彻底丧失了自我。

然而不得不承认，这又是一个不得已而为之的教育模式，这是一种对于教育资源严重倾斜的大环境所产生的妥协：生源差、师资力量弱，那我就用最严苛刻苦的方式来填平这条鸿沟。

说了这么多，想必你们也看出了，在如今这个阶级俞加固化的大环境下，"寒门难出贵子"是不争的事实。可我们无法选择自己的出身，如果恰好生于寒门，又该怎样面对这样的现状呢？

我觉得最重要的一点，就是要意识到自己和其他人的起点差距。曾经有个老师这样说："你们不要总是眼红那些富二代，没什么好眼红的，那也是人家的父辈打拼来的。所以不要总是怨天尤人觉得命运不公，沉溺在负面的情绪里。没有人会要求你一定要成为金字塔顶尖的人物，只要你能够付出努力，就不会是一个碌碌无为的人。"

再者，出身寒门的人，往往也有自己的一些优势，比如很早就有强烈的上进心和责任感，以及吃苦耐劳的品质。正如巴尔扎克所说"苦难是人生的老师"，这些特质也是一种宝贵的财富。

最后，一定要尽量摒弃那些不好的影响，比如长期封闭而导致的过于局限的眼界。一定要尽可能地开阔自己的视野，多和那些见识深远的人做朋友。在社交中，既不要总是觉得自己卑微，也不要对那些家境比自己好的人产生敌意。用平常心看待自己的出身，用最大的努力去争取最好的结果。

真的"寒门难出贵子"吗？虽然难度大一些，但是肯定能出贵子。我认识的一个朋友赵秋运，是北京大学的博士后，也是北京大学的老师。他的父母就是地地道道的农民，他读小学、初中、高中的时候，穿的衣服、鞋子都是他哥哥穿过的，最不可思议的是，他初中的时候成绩并不好，然而他并没有因此自暴自弃，反而发愤图强，用功读书，也不断地通过各种办法开拓自己的视野，最终一步步成为北京大学的博士后，成了林毅夫、厉以宁的学生，成了北京大学的工作人员。

出身寒门并不应成为阻挡一个人成长的借口，相反，优秀的人从不会因为自己出身低微就自暴自弃，正如那句精彩的话所说：当雄鹰想要飞得更高时，无论它是从平地还是山峰上起飞，都无关紧要。

● 一直看TA不爽，是因为你眼里只有TA的缺点

　　就在《前任3：再见前任》票房大爆的时候，我边啃着爆米花边看狗血片段，当看到韩庚和他的前任互相数落时，忽然想起曾经认识的一对情侣，他俩都是我的朋友，如今也成了各自的前任。他俩之间发生的故事，在我碰见的很多人中，包括我自己身上，都能找到类似的桥段。

　　那是十年前的事情了，故事的男女主角就用电影主角名的简写，男方M，女方L来代替好了。

　　M和L一直被认为是天造地设的一对，俩人颜值都不错，可以说是郎才女貌，中学时代就是各自班上的风云人物，而且性格也不属于那种有明显扭曲的，至少我和他俩交流时都觉得很轻松，不需要有太多顾虑。

　　俩人是从大学三年级开始正式交往的，在一次朋友聚会上突然就

擦出了火花。自从公开之后，各种秀恩爱就成了俩人的家常便饭，当然从俩人合影上那甜蜜的笑容可以看出来，他俩当时的感情是真的很好。我们私下里也经常会起哄：啥时候领证啊？

毕业之后，M去了一家外资汽车4S店做销售，L在银行上班。我们偶尔还会私聊，通过交流我总觉得俩人的感情好像出了点儿问题。因为一开始L会跟我吐槽M的一些生活习惯，比如洁癖很严重，从来不会用别人用过的毛巾什么的。当然，说的时候都是半开玩笑，但是在之后的一些交谈中，我就听出了不对劲。

那时L一直抱怨M有点儿大男子主义，每次都觉得自己是对的，从来听不进她的意见。我们其他的共同朋友也听过类似的抱怨，连情节都大同小异。例如，俩人有次去泰国旅行，M从头到尾制订了一个完整的计划，但是L觉得这么一板一眼太无趣，她更喜欢每天找到一些意外的小乐趣。

后来，俩人在斯米兰群岛因为某天的行程吵起来了，M坚持要按照自己的想法去看海上日出，而L却觉得前一天晚上睡太晚身体不舒服，希望能够取消这天的行程，在酒店里泡泡澡晒晒太阳什么的。

万万没想到，这个小分歧却导致了一场争吵，俩人开始互相攻击：L说M太喜欢替别人做安排，不考虑别人的感受，也不尊重别人的想法；M则说L从来不顾全大局，主意又太多，明明当初俩人一起讨论计划好的，结果总是事到临头就要改变想法。

当然了，这些事情都是在后来的一次公开争吵中说出来的，不过我至今还记得L旅行时发的一条状态：自私，会毁掉一段感情。

说实话M自私吗？我不是当事人，也没那么近距离接触过，或许体会不到。但是以我的感受来看，M平时还是挺顾及别人的，比如一起出去玩，他都会提出开他的车，因为他那辆越野车比较宽敞舒服，也特别能装行李。

还有一个细节也应该挺能说明问题的，M在聚会时经常会提醒那些酒量不好的朋友，让他们少喝一点儿，意思意思就行了，不要为了面子把自己的身体搭进去。

这些小事，至少让我觉得M并不是一个很自私自我的人。那么，为什么和他朝夕相处的L，却给出这样的评价呢？

同样地，M跟我们吐槽L的点也相当多，比如L花钱大手大脚，对什么东西都只有三分钟热度，喜怒无常，甚至打个游戏都能哭起来……在他看来，L根本还不成熟，她就是被家里宠坏了的小公主。

但恰恰就在两人一起旅游前不久，L还被她的上司推选为全支行的优秀员工，至少这一点说明L在工作上还是很认真的，也并没有那么不成熟。

在我看来，他俩很有可能陷入了一种人际关系中的常规思维：过分盯住对方的缺点。

这种行为常常会发生在亲密关系中，因为在长时间的相处中，每个人性格上的缺点都会暴露无遗。双方因为这些缺点产生些许不愉快之后，它们就会在今后的生活中被不断放大，甚至变成看似不可救药的重大缺陷。

因而经常会有这样的言论："如果我早知道你是这样的人，我才不会跟你在一起。""我一开始真的不知道你竟然会做这样的事，我看错人了！"

M和L俩人就是这样的典型，原本在各自的社交圈和工作圈里评价都不错的他俩，却在在一起之后越来越看对方不顺眼，最终决定和平分手，成了彼此的前任。我觉得，这当然有俩人性格不合适，以及生活方式很不相同的原因；但是，如果他两人能多看看对方好的一面，而不是每次都在意那些缺点，会不会是另外一种结果呢？

更何况，很多时候，缺点和优点，本身就是一枚硬币的两面。

比如L说M喜欢按自己的想法做事，不考虑别人，可能只是因为M是一个善于计划，能把一切安排得有条不紊的人，这样的特点本身就是优点。当我们面对突如其来的问题时，总会希望有一个人能够提前就把所有的琐事都打理好。像这样看似有些"大男子主义"的人，通常都会比较有责任心，做事情往往也有自己的气魄。

又比如当情侣间抱怨其中一个花钱小气、抠门的时候，或许这其实是这个人习惯于未雨绸缪，为未来可能会需要的大额支出留一些积蓄呢？抠门小气和勤俭持家，常常就是因人而异的看法而已。

之所以举这些小例子，就是想说，一个人的缺点，如果你换一个角度去看，未尝不是一个优点。当然了，那种无论从哪个角度看都是缺点的缺点不在其内。对那些弊大于利的缺点，自然需要提醒对方改正，但是如果只是轻微的小毛病，就没必要那么斤斤计较，一直盯住不放。

其实不仅仅是在情侣之间，平时我们待人接物，处理朋友、同事间的关系时，也经常会陷入过分在意他人缺点的状态而不自知，这都会给我们的交际造成恶劣的影响：总是觉得看谁谁不爽；或者刚刚接触没多久的朋友，就因为一些小事而撕破脸；更甚者，有些处了多年的老朋友，因为无法接受某个常年不改的习惯，终于在某次爆发而导致绝交，老死不相往来。

如果你的人际关系很差，总是觉得别人这里也不好，那里也不对……或许就要思考一下了，究竟是你的朋友们缺点太多，还是你过于吹毛求疵？

我大学时代有个室友，很不爱打扫卫生，个人习惯也不好，桌上总是邋里邋遢，床铺附近也充斥着一股难闻的气味。当时我很不满意这位室友的作风，对他经常冷言冷语，还时不时会拿言语讽刺他。当时我甚至想，要是能把他换到其他宿舍那就万事大吉了。

然而，某天夜里，我因为吃了不洁食物肠胃炎发作，痛得在床上死去活来，同宿舍另外俩人一个去网吧通宵，一个第二天有专业课考试必须休息，最后是那个不讲卫生的舍友连夜送我去了校医院。那晚我深深感受到，他完全没有把我们过去那些不愉快放在心上，他本身是一个非常豁达的人。

从此以后，我再也没计较过他的个人习惯，最多也就是提醒他该倒垃圾了，我明白让他短时间内改变自己长期形成的习惯也不容易，而且对于我而言，这些小缺点并没有严重到会影响我们的正常交际，那就没必要一直揪着不放了。

在工作中，我也遇到过各种有着这样那样缺点的同事，每每遇到不爽时，我都会尽量去想他好的一面，让我觉得正向的一面，这样去想，就会觉得那些缺点也不是什么不可原谅的事情，由它去好了。

《论语·卫灵公》中有这么一句话："躬自厚而薄责于人。"大意是我们要多反省自己的行为，而不要总是苛求别人完美无缺。虽然是几千年前古人的总结，但放到现在依然是很有道理的。人和人之间，难免有太多的不同之处，我们不可能要求别人的一切都顺自己的意，更不可能遇到完美无缺的圣人。更何况每个人的成长经历不同，性格也不尽相同，很多时候我们所以为的缺点，很可能只是那些和我们不相同的地方。举个最简单而常见的例子，某个球迷喜欢某个NBA球星，就因为另一个球迷喜欢另一个球星，俩人就能撕得天昏地暗。这是因为某个人有什么缺点吗？并不是，只是因为两个人对球星的喜好不同而已。

连这么小的差异都可以变成不愉快，更不用说那些观念上的差异了。千万不要小看这些差异，事实告诉我们，它们经常会演变成为彼此眼中不可容忍的缺点，所产生的纠纷甚至会上升到人身攻击上。

每当这时，我都会想起少年时代读过的那个故事——管鲍之交。是啊，无论管仲有多少缺点，多么不讨人喜欢，鲍叔牙总能宽厚待之：俩人合伙做生意，管仲出的本钱很少，要求的分红却很多，鲍叔牙会替管仲解释是因为他家境不好；管仲出去打仗总是躲在队伍的最后面，鲍叔牙说这是因为他孝敬自己的老母亲，怕自己丧命无人照顾；甚至管仲一而再，再而三地惹麻烦，鲍叔牙都会为之开脱。所以当管仲最终功成名就之时，他最感激的，就是鲍叔牙，两人这种名扬千古的友谊，才是真正令我们这些凡夫俗子所羡慕的。换句话说，如果鲍叔牙在意管仲的那些缺点，并且盯住不放，他们的关系可能早就破裂了。

换个角度去看那些惹你烦的朋友，那些你总是看不顺眼的同事，尽量看淡他们的小缺点，你一定会收获更好更长久的友谊。

●看清这六点，你便不再迷茫

第一次感受到真正意义上的迷茫，是我大一时那个躁动不安的夏天。深夜里，穿着短裤凉拖的我，一个人扶着宿舍走廊的栏杆，完全无法入睡，心中躁动不安，又软弱无助，两种截然不同的感受交织在一起，变成了一种不知所措，甚至看不到人生希望的痛苦。

那一瞬间，我谓之"迷茫"。

之所以会迷茫，是因为过去的生活全部是安排好了的，同时前进目标是极其明确的——高考，加上心无旁骛又幼稚单纯，还有最重要的一点，从没有离开家出远门生活过。而此时此刻，高度的自由虽然意味着再也不用受那种约束，但也没有人再给你指明一步步的道路，至于想做什么，要过怎样的未来，一切都是未知数。

正是"对各种事物的未知"和"缺乏人际关系的维系"，构成了现代年轻人觉得迷茫的最重要因素。

而以我的亲身体验，我认为，一个人觉得特别迷茫的时期，往往是相比周围的环境，处在一个相对低水平的阶段。什么意思呢？比方说我大一时感到特别迷茫，就是因为在大学环境中我属于十足的菜鸟，同时接触到了很多来自五湖四海很厉害的人，处于一个在整体中很低的位置上。

而这时候，至少还有你的任课教师、年级主任，你的导师、教授们会为你负责，会向你传授他们的经验、学识，以及帮助你走出迷茫的各种知识。那么再往后呢？

我想到了几年前遇到的北漂哥们小徐，刚刚来到首都的他，在这个庞大而繁华的城市里，租住在一个小小的公寓楼中，宛如一片森林里最不起眼的一株野草。每天和他擦肩而过的，是公寓楼走道间一群群行色匆匆，却几乎从不会向他打招呼的冷漠青年们。某天喝得半醉的小徐对我说："这些人永远都是这座城市的注脚，却也永远不可能和它产生联系。"

显而易见，小徐这样的青年，在这座城市中处于非常低的位置，甚至在北漂这个群体中，初来乍到的他也处在底层，在这个时间点上，他前面是一片未知的未来，有些事情不知道是该坚持还是该放弃，他看不清这个世界，更看不清自己。

后来他开始酗酒，沉迷网游，工作也丢了……小徐的堕落让我觉得挺惋惜的，只要他再熬一熬，坚持一下，就可以爬到一个高一些的位置，或许就不会再那么迷茫，但这世上并无后悔药可吃。所以，我想写下这篇文章，设法帮助那些依然迷茫的人找到前进的方向。

一、迷茫中的你，一定要掌握自己的定位

看不清这个世界，看不清未知的将来并不是最大的问题，最可怕的是，迷茫中的我们，也看不清自身。这又具体分为两种情况，一种是觉得自己很厉害，并没有意识到自己真正所处的位置。曾经的我就是如此，总是想要去做些大事情，但又一次次地碰壁，面对各种挫折，继而对自己产生怀疑。那种感觉，就好像踩在不知深浅的冰面上行走，不知道哪一脚就会陷落进去。

另一种情况，就是觉得自己太卑微，付出的任何努力都看不到成果，殊不知，它们已经在你脚下扎根，只是尚未破土而出罢了。北漂青年小徐就是这样的例子，我相信只要坚持下去，他也可以闯出属于自己的一片天地。

当一个人看不清自己的时候，他是不可能去看清所面对的形势的，同时也很难和他人建立有效的交际。所以，当你觉得迷茫的时候，一定要想一想，现在的自己，究竟扮演着怎样的身份，究竟处于何等的层次。

二、追随你的初心，去寻找真正的目标

正如我前面所说，迷茫的人，大部分都是找不到目标的，方向都看不到，又谈何目标呢？其实从另一个角度来想，迷茫的人，往往都拥有着相对比较高的自由，否则总会有一个人直接朝你发号施令，你只要照着去做也就不那么迷茫了，不是吗？

所以在这种较高的自由下，你需要做的就是听从自己的内心，很多时候你会听到各种噪音"你应该去干吗干吗"，但这些很可能都是你成长过程中一直被别人指挥所留下的阴影，你要抛开它们去听从那个最真实的自己，"我想要做的是什么"，这才是你内心的声音，它会告诉你究竟应该做什么。

我身边从来不缺乏这样的例子，有些人在迷茫中不知道要做什么好，家人亲戚朋友各有各的想法、意见，最后屈从于其中的权威，选择了一条自己其实并不喜欢，实际上也很难走通的路。其实以我的经验来看，自己做选择的人后悔的比例远低于听从别人意见做选择的人。所以，勇敢地定下自己的目标吧，它会激励你不断前行。

三、越迷茫，越说明你需要充实自己

不客气地说，大部分人的迷茫期，其实都是因为自己还不够努力而产生的。这其实就如同一个恶性循环，先是觉得不知道该做什么

好，然后整天胡思乱想要做什么，得不出结论于是愈发空虚，在空虚的情况下又滋生了各种恶习——拖延、注重享受、好逸恶劳……种种恶习最终演变成罪恶感，令自己感到更加无助，更加迷茫。

所以，除了要认清自己之外，更要从自身切入，对自己狠一点儿。不要顾虑重重，听从内心的大目标，放手去做，去学习，只要方向是对的就好。充实自己之后，带来的收获和经验，包括那种成就感，会立刻大大减弱此前的迷茫感。

反之，想得太多，却从不落实在行动上，只会越来越迷茫；因为你没有行动，就不会收获任何经验，没有"已知的"，更会觉得一切都是未知数。

四、迷茫的时期，不要过分纠结于金钱

我认识一些朋友，在最迷茫的时候，过得一团乱。没错，我指的就是经济开销。他们中的一些人过着居无定所的生活，隔三岔五就因为工作调换而搬去新的地点，朝不保夕的工资让他们花光了自己挣来的每一分钱，存不下任何积蓄。而另一部分人，因为迷茫看不到希望，沉醉在物质消费所带来的刺激里，还有一些在游戏中一掷千金，只为获取那一丝快感。

当一个人处于迷茫期，往往会陷入暂时赚不到钱的窘境，又因为经济上的短缺，而更加不知所措，甚至不惜作践自己，过着堕落的生

活。还有一些人，因为付出了很多的努力，但见不到实际收入上的质变，因而觉得自己一直以来做的都是无用功，而陷入了深深的迷茫。

事实上，无论你处在哪一种情况下，都不必被这种经济上的困难所吓倒。因为只要你一直付出，这样的阶段迟早会结束的。看不见质变，只是因为你还在厚积薄发的积累期，等到爆发的那一天，你会发现赚钱根本没有想象中那么难。经济上的改善，会让你觉得过去的那些绝望与困顿，都变成了人生经历中宝贵的财富。

五、迅速建立社交，找到值得信任的朋友

产生迷茫的低潮期，很重要的原因就是觉得孤独，无依无靠，没有任何值得信赖的人。当我一个人在北美闯荡时，每到一个新的城市，几乎都会经历一段低潮期，觉得缺乏依靠，交际圈几乎为零，生活质量下降，进而开始质疑自己的选择：为什么要来到这座城市？

而每一次遇到这样的情况，我都会想办法通过各种方式结交新的朋友，并迅速开拓自己的社交圈子。为了锻炼自己的交际能力，我甚至会和地铁公交上完全陌生的外国人搭讪，并尝试建立交际。

以我的经验来看，当你的社交圈打开之后，只要你真诚礼貌待人，结识到几个值得依靠的朋友，是轻而易举的事情。那时候，你们就可以进行各种活动，一起去郊游，相伴去娱乐消遣之类，有了朋友之后，那种毫无依赖的体验便会大大减轻。但此时也需要注意一点，

你要保持足够的独立自主，不要过分依赖新的朋友，免得给别人增添不必要的麻烦。

六、足够的安全感，是走出迷茫阶段的最终武器

有一个让我印象很深刻的朋友，在迷茫了很久之后，忽然有一天情绪高涨地出现在我面前。那一刻，我意识到她恋爱了。果不其然，有了亲密伴侣的陪伴之后，这位朋友便如同获得了一次重生，这是因为，她重新获得了安全感。

年少时期，我们的安全感大都源自于父母亲人，包括师长和朋友，当背井离乡，或是独自成长的那一刻，这种安全感便逐渐消失。自己需要面对一切，应付各种问题，再加上经济上的困顿，让我们可能面临安全感降至零点的情况。当一个人被不安所缠身之后，每时每刻都会觉得焦虑、担忧、心绪不宁……不断滋生的负面情绪，将最终使人变得迷茫，不知所措。

为了早日走出迷茫，可以根据自身情况，选择尝试一些增加安全感的方式。无论是人际交往中亲密关系所带来的充实，还是经济上的支持，工资收入的注入，又或者是充电之后，自我提升所产生的满足感和自信心——所有的这一切，都可以在你心里建立起一个充满安全感的护盾，帮助你走出最迷茫的时刻。

同时千万不要忘了，身体是革命的本钱。健康的体魄，是让你能

充满安全感和不断前行的根源，无论再怎样迷茫，再怎么失去方向，也切勿忽视个人健康，要有一个良好的生活习惯。

迷茫期并不可怕，人人都会经历，每当摆脱它的纠缠之后回头再看，你会意识到自己收获了许多，是的，远比你想象中更多。

● 为何世间总是充满了各种偏见？

在我看来，人的一生难免会产生一些偏见，只是人们往往难以意识到自己的看法是有失偏颇的。我自己也曾犯下过这样的错误，因此花了很多时间去琢磨这样两个问题：偏见究竟是如何产生的，以及该如何尽量避免自己的看法过于偏激。

还是先说一个故事吧。那是我在美国的时候，曾经和两个国人朋友参加一群当地人组织的家庭"便饭"聚会，这种所谓的"便饭"聚会有一个特点，就是并不是组织聚会的主人负责做饭，而是由客人各自带上自己做的菜，吃饭时摆成一桌，大家共享。

原本是一个很友好的聚会，但其中一个话题却引起了争议。

聚会时我们带去的那道菜，是我们几个费了很大功夫烧出来的东坡肉，卖相很不错，口感也肥而不腻，几乎所有在场者都纷纷夸赞，有一个美国朋友甚至说这是他这辈子吃过的最好吃的菜。

虽然美国人素来不吝惜自己的褒奖，赞美中也往往有夸张的成分，但我们依然觉得倍儿有面子，成就感满满。大伙也随着兴头，开始热烈讨论起中餐的美食，以及各种好吃的中式菜。

然而就在此时，在场的一对法国情侣却不知怎么不高兴了，法国哥们突然发难，说他觉得中餐很普通，他先勉强称赞了下我们做的东坡肉味道还不赖，接着话锋一转，说起他曾经吃过的各种中餐菜肴没有一样儿能称得上精致，还说中国的所谓料理，就是用一些发甜的酱料勾兑一下就完事了……

他这话一说完，我们几个中国人都觉得有点儿莫名其妙：这种对中餐的吐槽，都不知道他是从哪得来的印象……

我忽然想到，会不会是他吃的都是那种针对美国人制作的"美式中餐"？这种类型的中餐我一向是归结到"伪中餐"去的，因为一来的确不好吃，味道上过于注重美国人喜欢的酸和甜；二来做法、配料跟传统中餐差别太大，更不用说什么刀功、火候了。

于是我就问这个法国哥们他吃的是不是左宗鸡、酸辣牛、本楼炒饭这些，他倒也实诚，回答说对对对，就是这些"中国菜"。然后我就直接告诉他真相，这些菜就是做给外国人吃的，根本就不能算进真正的中餐范畴里。

还没有说服法国哥们，他的女朋友又站出来帮腔了，说自己男朋友确实没有去过中国，没吃过地道中餐；但她自己去过中国，尝到的中国菜也并不好吃，因为每道菜都很辣，感觉就是用辣味去掩盖食材本身的不新鲜而已。

这话说得让我们觉得挺好笑的，咱泱泱大中华经典的八大菜系，各有各的特色，怎么就每道菜都辣了呢？后来一问才知道，原来她就是去重庆开了个会，吃的都是路边的餐厅，所以觉得样样都辣。

实际上哪怕是川菜，也有很多完全不辣的菜，只是她没有吃过而已，更不用说品尝中国其他菜系的美味了。所以说中国菜每样都辣，显然是一种不折不扣的以偏概全，以及无知的表现。

事实上，这对法国情侣对于中餐的偏见，就代表了比较常见的两种类型。第一种是在自己完全不了解的领域，甚至都没有怎么接触过，就贸然发表意见；第二种是稍有了解的情况下，只是浅尝辄止，就以自己的经验来给其实了解得并不深入的事物下定义。

这两种情况其实我们都特别容易接触到，比如我有次在家里看一场NFL美式橄榄球比赛，然后一个朋友恰好来玩，跟我一起看了一分钟左右，就开始大放厥词，说完全不懂橄榄球究竟有什么好看的，就是一群肌肉"糙哥"在场上跑来跑去，动作粗野，比起足球没有那种优雅的传接美感，比起篮球也没有灌篮之类的刺激。

当时我就知道他因为是个彻头彻尾的门外汉才会说出这样的言论，于是就给他解释，说美式橄榄球看上去野蛮，其实是粗中有细，每一次攻防都像打仗一样讲究排兵布阵，还有各种战术套路，每个人怎么跑，怎么接球，怎么传球，都大有讲究；而且达阵带给人的兴奋感也完全不输任何一种球类运动……

果然，在我普及了各种基础知识一个小时之后，这个朋友终于看出了点儿门道来，然后承认美式橄榄球的确有独特的魅力。

这说的是第一种类型，第二种类型可能更加常见，比如我们经常会见到的性别歧视、种族歧视以及地域歧视，就是这样的偏见。

比方说我在美国留学时，有一个同学是上海人，一开始有另外几个同学就因为这个而不待见他，觉得上海人就是精明、小气、矫情的代言人，因此多多少少有些排挤他，甚至背后提防着他。然而相处了不到一个星期，这几个同学就意识到自己错了，这个上海哥们不但特别仗义，而且出手也大方，关键还是不计回报的那种。

很多时候我们或许见到了某个群体中的一些个体表现出一些特质，就迫不及待地将这种特质扩大到整个群体中。就好比那个法国女生说中餐都是辣的，只是因为她恰好吃的几餐都辣而已，她就管中窥豹，给博大精深的中国菜系简单地定义了。

其实这种给陌生群体草率下定义的偏见现象，在世界各地都很常见，社会学家们称之为刻板印象，通俗点说就是"贴标签"。这是一种笼统地概括某个群体的行为，而且大都带有不友好的意味，比如说英国人刻板守旧，美国人傲慢粗鲁，俄罗斯人嗜酒如命，都是典型的贴标签。

这种偏见还可笑在于，即使这种认知已经完全落后于时代，但却依然因为根深蒂固的影响而继续成为许多人认可的"主流意见"。就比如很多西方人接触了过去一些通过非正当途径移民国外的中国人，觉得他们素质低下，毫无诚信可言，就默认所有的，或者绝大多数中国人都是这样；而事实上现在的海外华人早已不再是那样的人群。当然，反例也有，我下面就会说。

刚刚说了偏见的两种，还有另外一种，相比起来就不那么容易被察觉了。

也是在国外的时候，我有次在实习的时候遇到一个美国人，能说一口挺不错的中文。当时我就觉得很亲切，和他交流了不少关于中国的话题。原来此君深受家人影响，从小就是个中国迷，自己也到广州留学过三年多。他带着一脸赞叹的表情跟我说，中国的发达已经是世界罕见的，广州地铁比纽约不知道强多少，上海的高楼大厦也不逊曼哈顿，而且夜生活之丰富，简直甩得美国连尾灯都不剩。

听他这么吹捧中国，一开始我也很开心，但转念一想，这何尝不是一种有失偏颇的见解呢？的确我刚到美国时，也觉得不过如此，比起蒸蒸日上的中国。在繁华程度上也并没有多么高。然而这一切都只是因为，我们所做的这种对比，就只是局限于两个国家最发达的区域。不得不承认的是，中国依然有太多落后的贫困地区，广大农村地区比起美国的乡村来，发达程度完全不是一个等级的。

我们在衡量一个事物时，往往只会重视我们在意的那些点，而自动忽略掉其他的部分。这个美国朋友就是如此，事实上他在中国留学的几年里，也去过一些比较偏僻穷困的地方，但是在他的印象里，中国就是广州、上海、深圳这样的一线城市，那么他得出的结论自然也是片面的。

我们也可以将这一种偏见，称为"幸存者偏差式"偏见。好比我们去到一个陌生的城市，恰好看到路上有好几个身材特别高的人，于是我们就得出了结论：这城市的人都长得挺高。而实际上更多身高偏矮的路人，被我们主观悄悄过滤掉了。

说了这么多关于偏见的类型，再来总结一下出现偏见的成因。

偏见产生的第一种原因，被称为"替罪羊理论"，也就是说，当我们需要发泄某种负面情绪时，总是会找出某个群体并进行替代性攻击。比如过去欧洲人做生意的本事不及犹太人，遇到经济萧条处境惨淡，就攻击犹太人都是见利忘义之徒，将犹太人当作导致自己生活困难的替罪羊。

咱们自己也有相似的俗语，叫作"睡不着怪床歪"，比较明显的一个例子就是当一场球赛中，某一方因为技不如人输球，很多球迷就会把输球的责任丢给裁判，认定是裁判吹偏哨所致。换言之，我们往往不愿意找寻自身的原因，而是喜欢用偏激的观点去否定他人。

偏见的第二种成因，来自于群体的认同感。也就是说，如果某一群人组成了一个具有某种共性的群体，就会对具有另一种共性的群体产生敌意，并由此而产生对于那种共性的偏见。从某种意义上而言，自己所处的群体凝聚性越高，对其他群体的偏见就会越深。

偏见的第三种成因，来自于地位的不平等。这种偏见也是相互的，处于低位的人出于自卑和嫉妒之心，会对处于比自己高位的人产生偏见；处于高位者由于傲慢和自负亦然。举个简单的例子，在对不同国家的调查中发现，越是发达富裕的国家，人民往往越觉得世界是美好公正的，而越是贫穷落后的国家，越是觉得这个世界是畸形的，充满了各种不平等。都说傲慢产生偏见，但并不是只有傲慢会产生偏见，自卑同样会产生偏见。

最后，说说我个人对于消除偏见的看法吧。

对于一个个体而言，我认为想要尽量减少偏见，首先要让自己保持不卑不亢的心态，不要因为情绪的波动而产生意识的偏差。其次，尽量多角度，多维度思考问题，经常进行换位思考，站在对方的立场上来看问题。最后，尽可能扩大自己的见识，包括书本的知识，以及亲身的见闻体验，行千里路，读万卷书。

而消除偏见的好处，就在于可以让你更加容易接触到事物的本质，了解到一个人的本心。

●职场里，人品比能力更重要

做人力资源的前辈高姐，曾跟我说过这么一件事，给我留下了极深的印象。

她当时在北京一家刚起步的互联网公司负责招聘工作，那天公司老板说要一起参加面试，于是那天中午他们就在不停地面试新人。其中有一个小伙，整体感觉非常不错，之前的技术面试就让技术团队觉得这小子有两下子，基本功不错，然后面试过程中也算是对答如流，一点儿也不怯场，用高姐的话来讲，有种意气风发的感觉。

面试结束，小伙离开后，高姐按惯例问了问老板的看法。老板笑了笑，说："能力是不错的，但不适合我们公司。"

高姐觉得有点儿不解，老板就说："你有没有看到他进办公室之前有个细节？"

高姐摇头，老板继续说："我看到他进来的时候，撞倒了过道里一个也来面试的小姑娘，人家的文件散落一地，他头都没回一下。"

当然了，老板也没有当即否定，而是让高姐再研究一下他的简历。果然，后面再仔细一查，发现这小伙简历存在造假的现象，有一段经历完全是复制网上一个模板里的。

给我说完这个故事，高姐说："其实能力重不重要？当然重要。但是能力是可以慢慢提升的，而人品这东西，是很难改变了。"

说实话，在了解这个故事之前我总有一种固有的印象，社会上有很多公司，基本上不会重视员工的个人品格，甚至还有不少老板标榜"唯才是举，人品其次"。但后来我逐渐意识到，随着国内商业的不断发展，那种上不重视企业道德，下不要求员工品格的公司，会越来越少。

司马光说过一段这样的话："才者，德之资也；德者，才之帅也。是故才德全尽谓之圣人，才德兼亡谓之愚人；德胜才谓之君子，才胜德谓之小人。"

他还说过："君子挟才以为善，小人挟才以为恶。"

的确如此。在中国人的传统理念里，从来都是德在才之前，如果没有高尚的品格作为基础，再有才华，也很可能走入歪路。况且，即便是小学生也知道，"德智体三好"里，"德"从来都是最重要的。

年少时看三国，总觉得司马懿厉害，文韬武略不输诸葛亮，又特别能忍，忍到自家后代建功立业做了皇帝，算是了不得的一号人物。

那时候每逢小伙伴们争论谁是三国第一人，我都会标新立异地搬出司马懿来。

然而随着年岁增长，就越发觉得司马懿根本不配拿来和诸葛亮相提并论。司马懿把权力、把一己私欲看得比什么都重，整个人生除了为自己家谋利，从未有一丝一毫为天下苍生考虑过。

对比一下诸葛先生的高风亮节，他那种"淡泊以明志，宁静以致远"的博大胸襟，只为了报答主公刘备的知遇之恩，就付出了自己绚烂的一生，可以说无论是做人还是做事，都堪称楷模。而司马懿呢？从未对曹家有过哪怕一分忠心，对自己的妻子张春华也同样不仁不义。

这也就难怪，司马家的西晋短短几十年就遭遇各种天灾人祸，更是被八王之乱闹得乌烟瘴气。一个家族没有高尚的节操，又怎能经营得好一个皇朝呢？而诸葛亮却能成为世代士大夫的标杆，被无数人铭记。

相似的例子还有南宋数学家秦九韶，作为一位古代难得的数学奇才，他把自己长期积累的数学知识和研究所得加以编辑，写成了数学巨著《数学九章》，还创造了"大衍求一术"，被称为"中国剩余定理"。可以说，如今世界各国从小学、中学到大学的数学课程，几乎都会接触到他的定理、定律和解题原则。

然而就是这么个绝顶聪明、极有才能的人物，却在品德方面留下了数不清的污点：秦九韶为了谋求高官厚禄，极力攀附和贿赂当朝权贵，特别是大奸臣贾似道。而他对待自己治下的百姓更是横征暴敛，苛刻无情，以至于当他被免职后，"郡人莫不厌其贪暴，作卒哭歌以快其去"。他对自己身边的家臣也心狠手辣，甚至设计要杀死自己的亲儿子。

就是这样一位数学奇才，却道德败坏，只知追逐功名利禄，所以提起中国古代的数学家，世人会记得张衡、刘徽、祖冲之的名字，却鲜有人提起秦九韶。

说起来，我曾经有过一个疑问，为什么各个领域内顶尖的伟人，同样拥有伟大的人格？比如国外的爱因斯坦、林肯，中国古代的诸葛亮、岳飞、王阳明，近代的傅雷、赵元任，还有为FAST望远镜系统奉献了一生的南仁东等。后来我发现，伟大的品格，正是让他们变得更加卓越的助力。

就拿南仁东先生来说，作为清华毕业的高材生，他在20世纪90年代中期毅然放弃了国外的高薪，回国就任中国科学院北京天文台副台长。据说，他当时一年的薪水，仅仅相当于他在国外一天的工资。

更何况，他当时的工作环境，那是需要成天跋涉于荒郊野岭、穷山恶水之间的，然而南仁东却从未抱怨过什么，而是带头去往最艰苦的地方。

最令我觉得感慨的一个细节，是当时采访到FAST工程的一位普通工人，他说他在工地里干活，每隔几天就能看到一个风尘仆仆的老人，来给工人们带饭。后来天气转冷，这位老人还自己出钱买了厚衣服给他们加上。而且，一起吃饭的时候，老人从来不避嫌，端起他们的碗就喝水……

当时他们还以为这位老人只是工头之类的监管，到后来才知道，原来他就是总工程师兼首席科学家南仁东。

是的，南仁东从未把自己当作一个高人一等的科学家，而是和最普通的工人们打成一片。可以说，正是这样伟大的人格，才能让他克服常人根本无法想象的困难，打造出FAST这样震惊世界的国之重器。

所以说，一个人的品德，决定了他所在的层次，而他的层次越高，就越能够发挥出自身的才能。人往高处走的道理谁都懂，问题是许多人只知道通过体现能力，来开拓上升至高位的渠道，他们往往没有意识到，人品的彰显会更有利于人的发展。甚至，当一个人人品足够好时，可以弥补他自身能力上的些许不足。

我大学时候有个同学叫阿荣，成绩在班里不算拔尖，能力也只能算是普普通通，特别是和几个才华横溢的哥们比起来，更是不起眼。但是那时候我们就记住他一个特点，人特别真诚，做事情特别勤勤恳恳，他们宿舍年年都是标兵宿舍，而宿舍卫生基本是他一个人包下的。

当时我就觉得，这个人不简单，虽然不是那种天赋出众的人物，但仅仅是这些表现出的品格，就注定了他未来发展不会差。

毕业后，阿荣恰好和另外一个大学时期很牛的同学小陈进了同一家公司，仅仅两年之后，这个普普通通的阿荣已经被提拔成了业务经理，而那个能力出众的小陈，却依然在最底层工作。

原因其实很简单，小陈因为上班时经常偷懒，还会偷偷做自己的私事，因此早就被上司归入品质有问题、不负责、不上进的那一群员工里；而阿荣恰好是反例，他的团队精神极强，任劳任怨，而且和每个同事都能很好地合作，加上人也光明磊落，所以没有任何一个同事不喜欢他。

仅仅是这良好的人际关系，就在许多地方给了阿荣意想不到的帮助，更重要的是，他的团队整体的风气也非常好，效率更是全公司最高，这源于团队内有他这样的标杆在，其他人就会自然而然地受其影响，以他为榜样。阿荣自己笑称，这就是所谓的劳模光环效应。

在职场上，虽然能力强的员工常常容易被雇主发现，在短期内成为重点培养对象，但是从战略角度上来讲，一个公司的长远发展和总体布局，总是需要那些人品出色的人去把控，他们最终会成为公司的中高层。而选择这些精英，总是需要公司慎之又慎，许多时候甚至需要数年甚至十多年的时间，才能真正了解一个人的品质，看出他的潜在价值。

正所谓"得道者多助，失道者寡助"，职场里同样如此，越看重团队合作的集体，就越需要高尚的人品。一身正气品格出色的人，在哪里都会走得很远，比一般人想象中更远。

第五章
征服世界，
先从你身边开始

请记住这个颠扑不破的真理：
你永远无法阻止别人滋生恶意，
你所能做的，
唯有找到一个合适的解决之道。

● 想快速融入新群体，你需要知道这些

前一阵子，出于学习、了解传媒业的目的，我加进了一个全部是传统媒体编辑的微信群。这帮老编辑相熟了很多年，在群里谈笑风生，但话题始终围绕着如下三个：一、新媒体是垃圾，传统媒体才是慢工出细活的精品；二、只要有他们这帮有才华的人存在，传统媒体就永远不会死；三、吃喝玩乐。

姑且不论他们讨论的话题是否正确，是否有意义，我的一大感受就是，在这个群里我完全插不上话。

作为一个毫无存在感的新人，当我参与一个正在热烈讨论中的话题时，并不会有多少人回应，大家都只顾着接相熟的人的话。当没有人说话，我试图提出一个新话题时，回应者更是寥寥，至多有一两个话痨会搭一句嘴。

这种"老人"抱团，无视新人的排外现象，想必每个人都遇

到过。

想要解决这个问题，我们首先要知己知彼。也就是，先了解下，一个群体里的"老人"，为什么会这么排外？

究其原因，不外乎下面两点：

一、新人会是潜在的竞争者，比如在我提到的那个微信群里，表面上看，这些老编辑们固然互相吹捧了数载，但心中对于自己究竟有几斤几两，那还是门儿清的。万一冒出个很有能力的新人，学历高、理论基础扎实、视角犀利、看问题还特一针见血，老哥几个招架不住怎么办？

二、"老人"之间早已形成了相对稳定的私密关系，而新人就像一颗定时炸弹，贸然接纳进来，会对这种稳定的关系造成不可控的影响。

举个例子，之前参加过一个读书会，大家虽然对观点会有不同的理解，但是大体上还是求同存异的。但是后来进来了一个姑娘，表面看起来很单纯，见到谁都喊哥哥姐姐，加上颜值不低，很快就打进了核心圈子。每次活动，都必然有这个妹子的参与，还有人主动帮她找工作，帮她搞定租房的事。

但后来才发现，这个姑娘非常"厉害"，简直可称为当代"貂蝉"。她游走于核心圈子两个男生之间，背地里互说对方坏话，很快就让这俩人反目成仇。而且裂隙一旦产生，就演变成一场激烈的争执。刚好这俩人原本就代表着观点不同的两个阵营，这一闹开，这个读书会就彻底走向了末路。

仅仅因为一个新人，就把一个原本相对稳定的老群体给搞散了。

读书会这种兴趣爱好组织，散伙了就散伙了，无伤大雅，可是一些关系很铁的老哥们，或者公司、企业呢？因此，对于新人，大部分老员工其实都带有天生的敌意，不管他有没有显示出来。

搞清楚这些之后，我们再来寻找化解之道。

生活中有些人是天生的社交达人，他们天生就特别容易和人打成一片，吸引别人的好感。经过我的长期观察，此类人具有以下特点：

一、不在乎面子，善于自黑，看起来不在意别人的负面评价。这一类新人，往往一开始就各种插科打诨，哪怕是被当成群体里的小丑也无所谓。这种接地气的低姿态，自然会消除"老人"们的敌意，很多"老人"会把他们当成活宝。但是，随着越来越熟，好感度上升，他们就会经历从"群丑"到"群萌"的转变。

我以前在国内上班时，跟我同期的一个小胖子，就是此类人。他特别擅长自嘲，而且说话也贱贱的，但是每个"老人"都觉得他很好玩很搞笑，有什么经验也会教给他。他们还给他起了一堆外号，但小胖子清楚，外号越多，就说明自己和对方的关系越近。

这种表现，就是降低自己的姿态，用更加无竞争无害的状态，消除"老人"们的排挤情绪。

二、说话特别注意分寸，玩笑开得恰到好处。虽然喜欢插科打诨，但这类人一直都懂得把握其中的分寸。看似是一个玩笑，其实却也在吹捧对方，更重要的是，他们分得清哪些人是可以半带嘲讽开玩笑的，哪些人是只能恭维的。他们懂得对不同的人采取区分对待，既能把握每个人的阈值又能达到接近的目的。这其实是一种很强的社交能力。

当然，反例就更多了。就在文首说的那个群里，还有另外一个新人，特别喜欢开玩笑。他以为这是一种化解尴尬的方式，就肆无忌惮地用。往往看见群里大家都在奚落谁，他就跟着起哄。结果，才进群第三天就被群主踢了。原因很简单：老人们互相调侃无伤大雅，你一个新人随便嘲讽，不是找不自在吗？

再说了，那个被各种奚落的人，看似属于"群丑"，但调侃他也是有资历门槛的。开玩笑和瞎起哄是有相当大差别的，只不过，大部分人并不清楚这一点。

三、主动融入，不放过任何一个机会。所谓主动融入，就是主动去和群体中的"老人"打交道，而不是被动地等待别人来和你沟通。这其实需要挺大的勇气，特别是在那种很不友好的氛围中。

我之前就有过类似的经历，在美国一家新公司里，老板有一次搞家庭派对，邀请员工到他家吃饭。但是这个老板是出了名的说话难听，平时员工们，特别是新员工对他都有怨气，所以很多人并不想去。

但是我却觉得这是一个融入新公司，熟悉外国企业文化的好机会，不但准时赴约，还带上了自己亲手做的烤鸡腿；然后那一天，我就和至少两个老员工熟络了起来，后来我们的关系一直很好，哪怕我离开之后也没有改变。

类似的情况在加拿大也有，当时几个老员工快下班了在闲聊，聊着聊着就提到周末一起去打高尔夫球。然后看我也在，就喊我一起去。然而，我那时连高尔夫球杆都没握过，而且AA制的话开销也不少。但我想都没想就答应了，用了一个上午的时间学会了高尔夫球基础技术，最主要的是和老员工混得更熟了，还学到一堆高尔夫球的术语。

是的，要主动融入新群体，就势必要走出自己舒适区，对于那些有社交恐惧症的人来说，可能需要更大的勇气。但是，请相信我，其所带来的优厚的回报是你绝对意想不到的。

四、不卑不亢的态度。不卑不亢的态度和第一点看起来有矛盾，但实际上是完全不冲突的。

试想，当别人开你玩笑时，你微微一笑不动声色，甚至附和自嘲，或是立刻面红耳赤反唇相讥，哪一种更显得你自卑？在我看来毫无疑问是第二种。越是内心自卑，就越发急于证明自己。

"老人"往往会自带高人一等的属性，和他们沟通有意无意间，你都会落入一个比较低微的处境。这时候，如果你原本就很自卑，只会觉得更加难受、不知所措。但是，如果你换个角度想——没错啊，对方本来就是资格老，让自己难堪也是我能融进群体必经的一道关卡嘛，也许就会觉得好受得多了。

姚明刚进NBA时，虽然贵为选秀状元，但火箭队老大哥弗朗西斯依然让他为自己提鞋。如果是一个自卑又狭隘的人，可能就会立刻不爽了，但姚明根本没当回事。

后来的事情我们也都知道了，弗朗西斯特别护着姚明，有什么争执都会帮他出头。而姚明呢，自己凭实力打下一片天，绝对没人会拿他提鞋的事笑话他，大家只会夸他的情商高。

我总是认为，姚明能在NBA打那么好，和他特别善于融入新群体有着密不可分的关系。无论是队友、教练还是媒体，哪一个群体他都能处理好关系。这样的氛围和大环境，会给予他一个向上的助力，在关键时刻给他莫大的支持。

在分析了社交达人的四个特点之后，我们可以从中学到快速融入新群体的方法。但是，每个人的性格和处事风格都不同，一味借鉴也未必妥当。不过归根结底，改变自己的心态，跳出自己的社交舒适区，是解决问题的根本之道。

回到最初的话题，在那个编辑微信群里，我一开始也很不适应。虽然他们大多很有水平，但是那些"位置决定想法"的观点，还是过于狭隘了。但我除了尽量求同存异地输出自己的观点之外，也在一些其他方面捕捉能够拉近彼此距离的方式。

后来我发现，这群人有好多都喜欢玩狼人杀。于是我跟着一起网杀了几局，凭着还不错的表现，立刻和他们熟络了很多。特别是有一局打的深水狼，在只剩我单狼的险恶局势下，硬是分析出了最后的神职人员，杀掉他之后取得险胜。这局打完之后，几个狼队友跟我的关系立刻升了一个等级，之后再在群里说话，他们也不会拿我当外人了。

当然这只是举个例子，融入群体的具体方法有很多，每个人都可以找到针对性的方法，最重要的一点在于，你需要在这个群体中制造你的存在感。

你可以用你的能力和实力，去收获他人的尊重；也可以用你的友好和亲和力，去感染和拉近对你保持距离的"老人"。关键在于，你是更愿意保持自己那份单纯的骄傲，还是坚决不离开社交舒适区，还是愿意放低身段，主动地融入其中。

●不会说话的你，可能属于这四类

按理说，咱们中国人应该都喜欢过年，热闹、喜庆，享受团聚的滋味，但我发现，如今惧怕过年的人，似乎越来越多，有个朋友就亲口告诉我，今年春节期间她就打算好好宅在家里，最好哪都不去，那些亲朋好友扎堆的场合，能躲就躲得远远的……

最初我还有点儿诧异，后来深入交流之后也渐渐理解了她。过年虽然是个难得的团聚时刻，但也是一场家族式的大讲坛，各种人都会在其中发表不同的见解，如果恰好其中有几个不那么会讲话的人，可能真的能让人气得憋到内伤，再加上碍于亲戚的面子不好发作什么的——那好呗，既然咱惹不起，那远远躲着您那张嘴巴还不成吗？

的确，中国人的社交中，亲戚朋友的社交这一块占据了相当大的比重，而过年期间又是这类社交集中发生的时间段。虽然亲朋之间有着血缘或者很亲近的关系网，但是其本质和社会性的社交没什么不同：交际网中的人其性格、层次、喜好、成长经历都不尽相同，价值观更是各不相同，所以硬是以亲朋这层身份凑在一起进行集体式的交流，产生一些沟通上的分歧矛盾也就在所难免了。

比如我在国外时，参加过一个华裔家庭的春节聚会，当时来了很多人，除了少数几个亲戚外，还有男女主人双方的好朋友。我的那位华裔朋友和她的新婚丈夫忙了一整天，照顾大家欢乐玩耍的同时，还要亲自下厨准备晚饭。本来大家还算其乐融融，到了傍晚的时候来了一位年轻姑娘，是男主人的一个朋友，进门才没多久，她就用一句话把整个场面弄得异常难堪。

这位姑娘对着女主人，也就是我朋友，说了一句："哇，你是不是怀孕了？"

听起来似乎是没有什么大不了的一句话，却让女主人非常恼火，因为它实际上包含着丰富的潜台词：一层意思是说女主人体型变化很大，变得胖起来了（据我所知，在国外长大的华裔女性，极度讨厌被别人明示暗示自己胖）；另一层意思，人家小夫妻才刚刚结婚没多久，你就来一句是不是怀孕了，是不是也很不讨人喜欢呢？更何况，姑娘你本身就和人家太太没多熟啊。

我朋友当时已经很生气了，但是修养一向很好的她，除了没有回应对方之外，并未流露出什么生气的表情。不过从此之后，这位不会说话的姑娘就再也没有被邀请过参加他们的家庭聚会。

其实类似的例子还有很多，包括我自己在内，相信很多人都曾口不择言冒出几句不过大脑的话，惹得别人不开心，令场面忽然变得尴尬。

通过一段时间的观察，我发现有一些人说起话来，格外不中听，我把他们大致分为几个类型，在接下来的文章中分享给大家。再多说一句，正如刚刚所说，其实这些沟通交流上的不恰当的做法，可能每个人都会有，只不过有些人自己没有意识到。所以，我们在对那些不会说话的人敬而远之的同时，也要明白一个道理——你说的话，决定了别人对你的印象，并且这无关受众的身份，哪怕是你的至亲，也可能会被你一句带刺的话所伤及。

下面我们就来聊聊那些不会说话的类型。

一、天生领导型

这一类人在过年的家庭宴会中，可能很常见。他们可能在工作中也担任着普通管理者职务，比如挂着公司管理层之类的头衔，平时给员工下属会没少开，大话也没少说，结果到了家庭聚会上，他们继续继承了这种身份，成了饭桌上的主导者。

天生领导型的第一大特点，是说话喜欢夸大化，比如介绍自己这一年的所作所为，必定要让在座的各位亲朋好友们开开眼：不是升职加薪，就是赚了几百万，反正先给自己脸上贴层金再说，不然不足以服众。嗯，咱们当管理者的就是要有这个气场，要有这个觉悟。

天生领导型的第二大特点，就是爱随意评价别人。看到别人家儿子高中物理考得差，他张嘴就是这个小孩子不适合读理科，还是转到文科班好了，根本不在意人家其实数学化学都是全班前三，物理只是发挥失常；看到亲戚家刚工作的女儿买了个LV包，就说人家太看重物质了，要有点儿艰苦朴素的精神，买东西别贪图大牌。问题是人家姑娘天天辛苦加班，业绩做得又好，犒劳下自己怎么就看重物质了呢？

所以，我想奉劝天生领导型一句，当你在各种场合发挥领导作用，口若悬河指挥众人的时候，能不能想想在座的诸位，愿不愿接受你的领导？

二、八卦嘴碎型

比起第一类，这一类型也大有人在。他们仿佛天生就自带八卦气质，不但要调查清楚各家的各种小道消息，还要找出各种渠道进行传播，唯恐别人不知道他们是"天生的媒体人"。

八卦嘴碎型人搜集起新闻来的劲头，完全不比专业的记者差：七大姑家谁谁遇到经济不景气，做生意失败，他一定要去打听人家到底亏了多少，还有没有希望回本；八大姨的女儿失恋，他又要搞清楚人家之前处的对象是谁，有没有新交往的男朋友。所以，像过年大家族聚会这样的好机会，他们显然绝对不会放过，一定要把各种传闻彻彻底底挖个干净。

如果光是打听也就算了，他们传播流言蜚语的能力才是最恐怖的，毕竟个个都是背后说人闲话的高手。问题在于，他们的脑海中似乎没有欣赏别人、夸奖别人的本能，他们自带高级新闻过滤功能，但凡是别人家的好事，他们保准只字不提，从他们嘴里散播出去的，永远都是谁谁家碰上的倒霉事情。所谓"好事不出门，坏事传千里"，八卦嘴碎型的这群人就是始作俑者。

不用说也知道，没有谁会喜欢八卦嘴碎型的人，所以，他们总是选择与同类人扎堆，群体内的人把各自所知的负面新闻互相沟通，再互相传播，久而久之，这样的人就会变得越来越狭隘，见不得别人好，成为被人疏远的对象。

三、负能量炸弹型

这种类型的人，身上总是笼罩着挥之不去的负能量，在他们的眼里，各种人和事都只有消极的那一面，而且，他们习惯于把这种负能量发泄出去，和他们相处久了，就会发现他们说话十句话里有一半都在抱怨。

即使是过年时，负能量炸弹也不会让你感受到什么喜庆的氛围：别人都在看春晚的节目，他偏偏要一个劲儿地抱怨春晚一年不如一年，相声小品一点儿不好笑，穿着打扮都是土里土气，明星都是假唱等，而且如果你不附和他几句，他就会一直开启抱怨模式，比除夕夜的鞭炮声还要持久。

如果在私下的场合沟通，负能量炸弹就会实施一对一定点打击，把他自己一年里的各种不顺遂一一数给你听，你会发现在他的这一年中：老板注定是抠门的，上司注定是严苛的，同事注定是"奇葩"的，对象注定是谈不到的……

与负能量炸弹型的人对话，你永远都听不到什么振奋人心的话语，他们只会把自己喷薄而出的悲观情绪如同爆炸般传递给你，将你当成这一切的牺牲品。

四、嘲讽"专家"型

这一类人，可能和之前的三种相比没有那么明显的"杀伤力"，但是他们同样属于不会说话，容易伤害别人感情的人群。这一类人可能觉得自己自带喜剧大师属性，总是喜欢开一些不合时宜的玩笑，对别人进行各种嘲讽和戏弄。也许在他们看来，这一切都不带多少恶意，但是没有人愿意总是被人当成笑料。

诚然，过年团聚这样的场合里，有一个嘲讽"专家"在场，会令聚会气氛变得活跃不少；但是如果不注意说话的分寸，或者是止不住地开启不间断的嘲讽模式，总是会令人觉得不悦。何况有时嘲讽"专家"无聊起来，能把一个老梗①翻来覆去地不停说，就更加惹人生厌。

我以前就遇到过这么一位，我有个朋友天生胆子小，有次走夜路的时候被忽然冒出来的白衣骑行男吓得摔在路牙上，受了点儿皮肉之苦，事发时恰好和一位"嘲讽专家"在一起。这下可好，但凡俩人同时在场的场合，不管其他人是熟人还是陌生人，这位"专家"都要绘声绘色地把那天晚上的事情给讲一遍，似乎永远不会觉得腻。也就是那个朋友脾气好，换了我肯定要忍不住翻脸。

除了这四大类，还有"浮夸虚荣类""钻牛角尖类""假意奉承类""低俗下流类"等等，都属于不会说话的类型。可以说，正是这许许多多的类型凑在一起，才会让人产生想要逃避过年的想法。

古人有云："良言一句三冬暖，恶语伤人六月寒。"说话不仅是种学问，更是现代人不可或缺的社交技能。懂得如何在合适的场合说出恰当的话，不仅需要长期的观察和学习，更需要自我修养的提升。毕竟，我们都不希望自己成为上面的某个类型，变成那个被人所讨厌的人。

---

① 老梗：很多人都知道的段子。

● 掌握这七点，了解交谈的艺术

在之前的文章里，我们分析了那些"不会说话"的典型，然而仅仅知道这些反面例子规避它，还不够。想要成为一个真正"会说话"的人，就要懂得一定的沟通技巧。

一、不要急于开口，要懂得聆听别人的发言

哪怕在我们的婴儿期，也是先学会了听，然后才学会说话。在社交时想要知道该说什么不该说什么，首先要参考的是别人的发言。

打个比方，我认识一位非常厉害的投资理财产品业务员，每个月的销售额都远远超过其他人，包括我自己也选择了他的产品。他和别人的不同之处在于，他推销理财商品时，很少滔滔不绝地吹嘘自己的产品有多么好，有多么赚钱，年利率如何之高，而是尽量先找一个不

相干的、家长里短的话题和客户聊起来。

在这样的聊天中，他多半充当的是倾听者的角色，以便从中了解到客户大致的情况，比如工作状况、家庭的组成结构等，再投其所好地推销相应的理财产品。这就是懂得倾听的艺术。

沟通本就是相互的，特别是熟人之间的交流。我们总是迫不及待地希望把控话语权，尽可能地表达自己的态度，却忘了受众并不一定喜欢你说的这些，或者他们也有自己的想法希望表达。

相对于熟人而言，在双方都比较生疏的社交中，倾听更加重要。虽然这种模式下，很多时候双方都表现得沉默寡言，拘谨小心，但也有一些人为了打破尴尬自己一个人滔滔不绝，最后演变为彻底的尴聊。与其这样，不如给对方一个说话的机会。

我还发现，有些人在别人开口时，并不会认真听对方的发言，而是一直沉浸在自己的思维中，为自己下面想说的话做准备。特别是在一些正式场合中，这样的行为更常见，因为自己也很紧张，需要考虑接下来要说什么。而事实证明，这样认真的交流中信息量是相当大的，我们应该尽量快速地把握对方话语中的信息点，并对其进行分析判断，而不是急于酝酿自己要说的话。

当然了，上面的这些错误都不是最严重的，最严重的错误叫作"总是打断别人的发言"。比如有些人在别人说话说到一半，还没有表述完自己的观点时，就打断别人的发言，急于表述自己的观点。这是非常不礼貌的行为，而且对于沟通极其不利。

二、善于提出启发性的问题，让对话以发展的趋势进行

前面咱们说的那位理财销售，他就非常善于抛出一些对方感兴趣话题，让其自愿加入对话中。这的确是一种非常聪明的做法，特别是对彼此还不算熟悉的谈话双方来说。

如果要问，怎样的交流质量是最高的？答案自然是充满了信息量的对谈。但问题在于，交谈的双方怎样才愿意在整个过程中开启这样的模式呢？答案就是想办法让对方自愿输出带有信息量的语言，也就是通过启发性的问题，使其产生对谈的兴趣。

举个例子，我刚毕业工作时，负责带我入门的一个前辈属于那种寡言少语型的，虽然经验很丰富也能看出有"两把刷子"，但可能已经处于职业疲劳期，对工作热情不高。我一开始就像所有谦卑的后辈一样，不断地去向他请教一些专业性的问题，以及其他相关的工作事宜，可他的态度总是不冷不热的，有些问题随便几句话就敷衍过去了，甚至还让我自己去看书。

这时我就意识到这样的交流模式太拘谨，太过于严肃，我在午休的时候观察到这位前辈每天都要看股市，于是下午工作间隙便问了他一句："这几天大盘一路走高，你的股票有没有赚钱啊？"

果不其然，一聊起股票这位前辈立马热情高涨，给我分享了很多

他选股的经验，以及赚钱的快感。随后的对话也变得轻松多了，工作时他也会主动给我讲解一些技术知识。

这就是通过启发性的问题，让交流能够正常地开展下去的一个例子。虽然对话发展的转折点，并不是自己最初想聊的话题，但却可以让对话拓展开来，就像一泓活水一样，流向其他方向。

三、切勿高频地开玩笑

在熟人社交中，我发现有一些人总是喜欢开一些玩笑来活跃气氛，这并不是什么坏事，西方人之间的交流就充满了各种玩笑。

但关键的问题是，开玩笑得有个度，频率要掌握好。一来是有些玩笑你自己觉得无伤大雅，也不是出于恶意，但听者却不一定这么想。毕竟，大部分玩笑本质上依然是一种微小，或者轻度的人身攻击。说者无意，听者有心，如果开玩笑的频率过高，难免会让人产生情绪。

再者，我们很难知道，其他人有没有什么内心的软肋，总是拿人开玩笑就像"常在河边走，哪有不湿鞋"一样，难免会触动某人的逆鳞，那样的话，就会极大地破坏彼此的关系。而且玩笑的分寸如果掌握不好，很容易就会变成一种言语上的霸凌。况且总是开玩笑的人，也往往给人一种轻浮、不端的印象。

四、避免不懂装懂

在交流中我们经常会遇到自己不熟悉的领域，这时有些人虽然并不清楚对方在说什么，但却不好意思暴露出这一点，于是选择用不懂装懂的方式，来附和对方。

这看似没有什么大的问题，但实际上却犯了一个沟通上的错误：让对话的信息量无效化。什么意思呢？就是一方以为这是正常的对话，继续输出信息量，而实际上却全部是单方面的输出。这种沟通除了低效外，还会导致意想不到的坏效果。

比如上司在布置任务时，下属员工明明没有搞清楚意图，又不敢直说自己其实并不明白，只能回复以"好的好的"，这势必会导致完成任务的效果很不理想。又或者对方刚开始以为跟你很聊得来，后来发现你其实根本不知道他在说什么，就会产生自己被敷衍了，不被尊重的感觉。

所以，遇到这种情况还是坦诚一些，直截了当地透露自己并不清楚比较好，不要害怕丢面子。这样真诚的态度只会让对方产生好感，并不会认为你没有水准。

至于那种为了虚荣而假装自己懂得多的行为，更是没有任何实际意义，这么做只会让人对你失去信任感，毕竟绣花枕头总有露馅之时。

五、善于肯定对方，否定也要委婉

这一点我觉得西方人做得比我们要好许多，可能是文化背景的关系，西方人很善于发现别人发言中的闪光点，并加以肯定；这对于增进交流双方的友好关系是颇有帮助的。同时他们觉得一个人如果品性端正的话，就会更好地发现别人的优点。

相比之下，我觉得国内的许多交流就负面多了，真心的肯定相对比较少，当然，那些肉麻的"商业互吹"除外。很多时候大家是各持己见，不断地否定对方，这样的交流显然充满了紧张的气氛，很容易就引发一场争执。

所以我们在沟通时，应当多去寻找别人见解中值得称道的部分，至于那些不能苟同之处，也应当以求同存异的方式来处理，提出否定意见时，也应该尽量委婉一些，而不要让人觉得颜面尽失。

六、在位置不对等的交流中保持自我

可能许多人都和我有相似的感觉，就是和年纪差不多的朋友之间交流特别顺畅，哪怕是陌生人也能很快相熟，但是遇到长辈就会觉得拘束得多，如果是上司就更不知道该如何开口了。

这些，其实就是位置不对等的交流，这里我主要想说一说身处低位者，该如何和高位者打交道。在这种交流中，其实最重要的一点，

就是不要过分谦卑，在尊重对方地位的同时，也要保持自己人格的完整性。相信我，没有人会真的欣赏一个卑躬屈膝者。

维特根斯坦在成名之前，对自己的导师——当时已经赫赫有名的数学家和哲学家罗素，就能做到完全以彼此平等的方式交流，既肯定老师的学术水平，又敢于表达自己的看法，也因此得到了罗素的大加赞赏。试想如果他是一个唯唯诺诺，只知道一味附和的人，罗素是绝对不会对他青眼有加的。

另外，和高位者交流，可以经常进行换位思考，特别是与那些和自己有明显代沟，观念不尽相同的前辈沟通时，不要让对方觉得自己是个愣头青，也不要过于紧张，生怕顶撞了上司。

七、结束对话，需要一个得体的收场

很多时候，我们善于开启一场对话，却不太清楚该如何结束它，有时对方已经明显不耐烦了，自己还在滔滔不绝；有时自己只是想长话短说，对方却觉得聊得不尽兴；还有的时候，双方都很尴尬，交流只能在沉默中戛然而止。

所以说，懂得如何结束一场对话也是很重要的。如果没有特殊的理由，千万不要仅仅把自己想说的话说完，就立刻终止对话抽身离开；而应该多倾听一会儿对方的反馈，留给他人一个表达态度的机会，并表明自己会仔细思考对方所说的意见，很感谢能够有这次对话的机会，希望能够长期保持联系，然后再结束对话。

与人交流是很重要的课程，这门课几乎贯穿人的一生。一旦了解了说话的艺术，无论在职场还是社交领域，都能建立起强大的朋友圈。

●越优秀的人，越不合群？你确定？

在我的学生时代，曾经看过一篇关于社交的文章，题目已经记不清了，但对文章的主旨至今仍有清晰的记忆，可以归纳为很短的一句话：优秀的人，往往不合群。

当年这样的一篇文章，倒还真的吸引住了我，毕竟自己从学生时代起就总是被人说不合群，喜欢独来独往，还被人评价有点儿自傲。所以，那个时候看到这篇文章，自然觉得说得句句在理。文章里说优秀的人，根本不在意合不合群，有一帮志同道合的朋友固然最好，如果没有也没什么；反正以他们的学识和能力，自己一个人也能自得其乐，也能以个人为主体快速成长。

那篇文章里还说，如果一个人想要保持优秀，就不应该合群，因为越合群反而会越平庸，和平庸之辈待在一起，只会被他们的缺点所传染，最终失去自己身上那些闪光点，变得泯然众人。

不得不说，这样的观点当年对我的影响还是蛮大的，所以有很长的一段时期，我总是喜欢独来独往，除了几个相谈甚欢的密友之外，很少和人交际，更不用说和陌生人沟通了。这样的习惯不断加深之后，我整个人也变得偏执起来，只相信自己的看法，觉得别人说什么都是错的，不论对方是长辈还是自己身边的平辈。而且那时候，我几乎不参加集体活动，甚至连拍毕业照一类的集体活动也不愿意参与。

没错，不用说你们，我如今回想起来，也觉得当年的自己就是被"洗脑"了，变成了一个自以为是的孤独少年。当年的种种所为，在之后的很长一段时间里我都羞与人言，直到现在看开了，才敢拿出来当成反面教材，分享给大家。

那么，回过头来我们再说，优秀的人真的不合群吗？

不得不说，有些时候还真的是。类似的例子，网上可以找出一大堆——屈原、刘禹锡、叔本华、乔布斯……古今中外，大量的名人事迹似乎都告诉我们，他们就是独树一帜，他们就是卓尔不群，他们就是"出淤泥而不染，濯清涟而不妖"的特立独行者。

可平心而论，你觉得自己真的是这样的人吗？把你和上面那些名字并排列在一起，你真的不会觉得羞愧吗？在你觉得自己可以不合群之前，难道不应该先想想，你真的优秀到了那个程度，周围的人已经都被你一下子就比下去，被你那璀璨夺目的光芒所掩盖了吗？

不好意思，一连串这样的问题或许有些打击人，但第一个被这样打击的人，其实就是我自己。前面的那些问题，我都曾经扪心自问过，再之后，我就发现，其实自己只是自我感觉良好，内心膨胀，莫名的优越感有些爆棚罢了。

你一定想知道，那个自命清高的笨家伙，为什么会突然这么神志清醒，开始"拷问"自己，这其中发生了什么？

转折发生在我刚工作后不久，我受上司指派，去一个山沟里还没建成的新发电站出差，到了现场和当地接待我的电站工人一沟通，人家热情邀请我和他们一起住集体宿舍，被我当即婉拒了。当天晚上我花了好大功夫，终于在附近的县城里找到了家还算能住人的招待所住下。之后每天乘着当地人开的摩托进站里工作，也不和其他人闲扯，到点就收工走人。待在这人生地不熟的偏远地方，白天还好，一到晚上就开始想家，想早点儿结束工程回去。

就这么着工作了一个多星期，某天大概是吃错了什么东西，工作的时候就感到腹部剧痛，紧接着就开始上吐下泻。站里几个正在安装机柜的工人见我不对劲，立马把我送到卫生所……查了发现是食物中毒，挂了水消炎之后症状稍许好转，但天色已晚，只能暂时住在他们几个的宿舍里。

那一晚上虽然还蛮虚弱，但却并不无聊，更不孤独。在宿舍里他们几个陪着我，生怕我又犯病，大家唠了整整一晚上的嗑，我发现自己之前有太多想法都是错误的：最初看他们都像老实巴交又没文化的样子，以为都是些大老粗，但其实人家各自都有拿手的东西，比如有个会吹竹笛会唱戏，有一个对当地民俗地方志特别感兴趣，还有一个是业务能手——精通电工活儿……

如果没有像这样深入地和他们交流，想必我会觉得和他们没有沟通的必要，更不存在融入他们这个群体的打算。但是那一晚之后，我就把招待所的房间退了，之后一直住在集体宿舍里，觉得特温暖，甚至连最开始想家的情绪都淡化了。

正是从那之后，我就想明白了，合不合群和优不优秀关系根本不大，我之前的想法是一种类似于夜郎自大般的认识：在没有具体了解别人之前，就先认定别人不如自己，觉得和人家在一起就会让自己变得平庸，但事实上，自己根本不像自己认为的那样出色。

更何况，真正优秀的人，也不一定就不合群。名人典故里，永远只会展示他们生活的一部分，事实上，除了像维特根斯坦那样的偏执狂，许多带着"不合群"标签的名人，并没有傲慢到不近人间烟火的地步，更不会自负地觉得身边所有人都不如自己。毕竟，连孔子他老人家都说，"三人行，必有我师焉"。

这里，就要说到关于不合群的另外一个原因了，那就是觉得周围的人有着这样那样的毛病，导致自己无法融入他们的群体。比如屈原，就是因为自己的道德准则很高，因而无法忍受当时的各种腐朽风气，不甘沉沦其中被其腐化而离群独处。

然而如果放到现实中，又有几个人敢说自己有如屈原般伟大，从而可以睥睨众生呢？大部分因为这个原因而产生不合群想法的人，很可能只是宽以律己，严以待人而已。事实上，如你我一般的普通人所谓的不合群，更多可能只是自己无法适应环境，还一味希望环境来迁就自己罢了。

我有个亲戚的孩子就是这样，他是国内某名牌大学的毕业生，长得也算一表人才，他父母素来以他为傲，于是他的言谈举止也难免带着一种孤芳自赏的感觉。可工作第一年，他就干得各种不顺心，后来搞得年会都不愿去参加。

当时我觉得他和之前的自己很像，就问了几句，他立马给我吐槽了一大堆理由，数落他的那些同事的各种缺点，比如有的同事人前一套，背后一套，只会做样子给老板看，就这样还获得了老板的赏识；有的同事感觉像关系户一样被偏爱，做得再烂都不会挨骂，自己稍微犯点儿小错就被老板一顿骂，最后又说那个老板自己能力也不强，还不肯听他们这些年轻人的建议等。

我给他总结了一下，就是整个公司团队都很烂，同事都是"猪队友"不职业，老板能力也不强，所以自视甚高的他不愿与这样的人共事，只是迫于专业太冷门，加上刚毕业需要工作经验，只好硬着头皮继续干着，自然难免流露出各种不合群的姿态。

我当时听完他说的这些话，并没有多说什么，只是心里猜测，估计他换了一家公司还会是这样。果然不出我所料，换了新公司，还是给他挑出一大堆毛病，又和那些老板同事都处不到一块去。

后来他再找我诉苦，我便告诉他："你这种不合群，其实是过于在意环境，在意周围人的种种不是。可是你要清楚一点，在职场上你是去工作，是去做事情的，不是去交朋友的。你的那些同事，看起来是你的同事，但他们既可能是你的团队队友，又可能是你的竞争对手，说不准还可能是背后捅你一刀的敌人。所以，犯不着摆出一副自绝于人民的姿态，把这种不合群写在脸上，带进职场。"

当然了，想改掉一个人长期养成的习惯，是很难的，除非他自己深受触动。但是稍微收敛一些自己的锋芒，让自己变得随和一些，容易接近一点儿，你会发现有许多事都会变得顺利很多。

在如今的社会，有个最大的特点，不管是年轻人还是有所成就的人，都向往去更大的空间，更大的城市，这样的追求也就意味着更复杂的人际关系，更多需要打点的人事。大城市人口数量更大，人的层次更繁多，类型也就更加复杂多样。

我们不能过分相信古人不合群也能成功的例子，毕竟，在古代你读过几本书就能当师爷，但是在如今这样一个时代，在繁华的大都市中，你觉得自己还蛮优秀，可比你厉害的人真的多如牛毛。除非你真的牛到一个团体没你不行，某个职位非你莫属，否则就还是收起那份傲慢，做人做事都低调些。

最可笑的是还有一些人，他们本身就是边缘人物，还自以为导致这样的状态是因为自己过于优秀，觉得是"木秀于林，风必摧之"，那真正是陷入了自欺欺人的"癔症"之中了。

优秀的人往往不合群，最正确的解读应该是优秀的人总是能守住自己的道德底线，不和蝇营狗苟之辈同流合污。但如果解读成觉得自己了不起，就不屑和周围群众多交流接触，自命清高——抱歉，那不叫不合群，是人家集体嫌弃你而已。

●如何搞定一个对你有恶意的人

昨天晚上凌晨和一个新认识的北京姑娘小孙通了快通宵的电话，她跟我说了一件特别有感触的事：不幸碰上了几个对自己特别有恶意的人。

作为一个新入职的应届生，小孙算是纯新人一个，对于职场关系可算是一窍不通。她遇到一个很大的问题，就是有两个老员工不知道出于什么原因，总是各种拿话怼她，平时她主动打招呼，这俩人对她也爱理不理。更严重的是，就在昨天，小孙的部门经理找到她，语重心长地跟她说："小孙啊，我们有同事私下和我反映，说你不太合群。作为一个新员工，和老同事之间要打好交道才是，对不对？"

小孙当时完全愣住了。

因为，她还没有正式进公司之前，家里就三番五次叮嘱她：一入职场深似海，一定要和同事搞好关系，否则以后他们有事儿没事儿给你脸色看你就有得受了。所以小孙一直很注意自己的言行，竭力与人交好。

但是即便如此，小孙还是一直被人非议，而且她还感觉到，越来越多的新老同事，都渐渐对她变得疏远起来。

"为什么会有同事莫名其妙地就对我产生恶意呢？"

小孙这样问道。她想破脑袋也想不到自己到底哪里得罪了别人。

我并没有深究别人对她产生恶意的原因，而是问她，一开始发现别人的恶意时，是如何处理的，有没有想过什么解决方法？

她想了想说，她跟自己的姑妈反映过这个问题，姑妈给出的解决方式是：一旦你感受到谁对你有恶意，就不要跟他多来往了，平时自己注意点儿，对这种人最好保持距离。

小孙大体上按照这个思路去做了。我似乎察觉到了问题的所在。

我以为，小孙的姑妈给她的解决方式，完全治标不治本。

为什么这么说？

对待一个有恶意的人，看起来敬而远之是最好的处理方式。可是在一些社交环境下，这样的人往往无时无刻不在和你产生千丝万缕的联系，尽管你想躲，可你能躲得掉吗？

比如职场里的一个"坏"同事，的确除了工作上的事情，你可以再也不跟他产生交集，保持一种退避的态度。但是你能保证他不会在其他同事，特别是上司那里给你打小报告说坏话，不会在你遇到工作麻烦的时候背后捅你一刀吗？

再比如一个奇葩又讨人厌的室友，你可以每天当他不存在，自顾自地生活在同一屋檐下吗？

你当然可以来一句，"我不屑和这样的人打交道，我自己搬出去租房子住不行吗？我辞职去别的公司不行吗？"

但是，这终归不是解决之道啊。到了另外一个环境，谁能保证不会再出现一个对你有恶意的人呢？

而你的刻意保持距离，只会让自己更加被孤立，最终反而成了不合群、没人搭理的那个人。因为人们总是会自发地抱团，欺负某个被孤立的人，这在生活中太常见了。一旦形成了这种许多人针对你一个的局面，就很难挽回了。

下面再说说"恶意"的来源这个问题。

曾经我也很困扰，明明试图对每个人都友善，但是为什么总会有人对我产生明显的恶意呢？我苦思冥想，也没觉得哪次得罪过他们啊……

这种情况其实和小孙非常相似，如果连对方产生恶意的原因都不知道，要想去解决就更加无从谈起了。

但后来，我渐渐明白了一点——有些恶意，它根本就没有来源。

曾经有这样一个很搞笑的寓言：

一对夫妻骑着驴赶路，丈夫心疼妻子，让妻子骑驴，自己跟着走。被一个路人看到了，冷言冷语嘲笑他："这人是个"妻管严"吧，看他讨好老婆成啥样了？"

丈夫深受打击，于是换了自己骑驴，妻子跟着。又有路人指责他："你这人咋回事，不懂心疼老婆？"

于是丈夫和妻子一起骑上了驴，又遭人骂了："你们这么不懂得爱护动物？驴也是人类的好朋友不是吗？"

好吧，俩人只好一起下来牵着驴走。这下更多的人哈哈大笑："这俩傻瓜，有驴居然都不骑！"

这个寓言虽然像是个段子，却告诉我们一个深刻的人生道理——你永远无法讨好所有人。除此而外，还有更重要的一点，哪怕你只是在过自己的生活，都不能避免别人对你产生恶意。

而恶意的根源，很可能只是一件微不足道的小事。

这样的例子简直数不胜数。

你用iPhone，用Macbook，阻挡不了用低端品牌的人对你产生恶意：这人真能装，明明工资没几个钱，还非要买这些败家玩意儿。

你生活规律，习惯早睡早起，阻挡不了那些常年熬夜通宵打游戏的人对你产生恶意：这人有病吧？大好时光都不懂得享受，年纪轻轻过得跟老年人一样。

一旦对方对你产生了些许恶意，就很容易像病毒一样扩大化，哪怕你一句话说得不中听，都会激发出他们更大的恶意。甚至哪怕你试图讨好对方一下，都会被他们解读成为反讽，或者是别有用心。

恶意就是这么可怕。

正如东野圭吾在《恶意》里写到的：令他害怕的，并非暴力本身，而是那些讨厌自己的人所散发出的负面能量。他从来没有想过，在这世上竟会有这样的恶意存在。

那么，面对人们的恶意究竟该怎么解决呢？

首先应当分两种情况来区分对待。

第一种，你已经根本不在乎跟这个人的关系了，也许是决意今后的生活中不会和此人有任何交集，也许是对于奇葩你已经忍无可忍，这时候，你大可正面挑明，严肃地质问对方一再对你做出怀有恶意的行为的原因。这时候，只要你确实是占理的一边，那么尽管带着义正词严的气场和不可侵犯的态度去做，对方肯定会败下阵来。

不要担心与人正面交锋会带来副作用，相反其他人会觉得你是一个有尊严，有底线的人。

第二种，如果你还需要保持和对方的关系，或者至少不能与对方鱼死网破老死不相往来的话，那么就需要圆滑一点儿的处世之道了。

首先你要搞清楚这个人恶意的来源，他是因为你和他的观念分歧、层次差异不同而产生恶意；或是因为你给予了他竞争压力，他对你有嫉妒心而产生恶意；又或者，只是因为你某次的失误，或者无心之失让他不爽，由此而怀恨在心。

如果你实在摸不透也没关系，有些人的恶意就是莫名其妙的。这时候，为了化解这种恶意，你可能要克服一个相当大的心理障碍，也许要抑制住如同吃了苍蝇一般的恶心和痛苦，去"热脸凑冷屁股"，尽量向对方表达友善的态度。

这里面就有一个技巧的问题。比如你可以趁着一个跟他私下接触的机会，尽量态度诚恳地和他说：××哥（姐），最近总觉得很多同事好像对我有意见，是不是我哪里做错啦？麻烦前辈给我指点指点……

这样做的好处在于，对方肯定会觉得你是个二愣子，明明对你最有意见的就是他，居然还跑去跟他本人打听来着。但是只要你态度足够诚恳，摆出一个后辈向前辈请教的姿态，不要让对方误以为你在嘲弄他，他多半心里会挺受用的。

这时候，如果他是个直率人，可能就会指出你哪里做得不对，导致别人（其实就是他自己）产生了意见和看法。如果他只是单纯看你不爽，你这友善妥协的态度，也会大大减少他对你的成见。

当然这只是一个例子，某些情况下，你还可以用别的方式示好。比如带点儿老家的土特产，然后分享给同事们，在他那里多做停留，坦诚地聊些自己的事情，借着这个他至少要强作欢颜的时机，好好把关系改善一下。

要知道，想要消除一个人的恶意，指望对方主动改变是很难的，更需要的是你自己的努力。

在此基础上，你要通过观察，发现对方会有什么可能遇到或者已经出现的麻烦，并且主动替他解决。如果刚好解决了他的燃眉之急，相信我，这种以德报怨的行为，必然会让他对你刮目相看。那时候，他连恨你都恨不起来了。

走到这一步，你们之间基本已经消除了敌意，向着朋友靠近了。

这时候，如果你希望和他更进一步做朋友，就可以进行一些深度的交流，比如用开玩笑的语气，讨论下对方最初为何会对自己不友好，这是让两人彻底抹平罅隙，增进友谊的基础。

如果你并不想和此人深交，只要让对方不产生恶意就可以了，那么不妨一起约个饭，或者约着健个身，跑跑步什么的。

这样一来，你就解决了恶意的源头，那么其他人对你的态度，也会慢慢转变的。久而久之，你就能掌握每个人的性格特点和观念，也就有了打交道的办法。

在化解他人的恶意时，最无效的方式就是以眼还眼，睚眦必报。另外，敬而远之，退避三舍多半也没什么用。除非你根本不想化解，只想矛盾持续发酵，最终鱼死网破或是一拍两散。

因此，请记住这个颠扑不破的真理：你永远无法阻止别人滋生恶意，你所能做的，唯有找到一个合适的解决之道。

图书在版编目（CIP）数据

你有多凶猛，世界就有多软弱 / 眠眠著 . —贵阳：
贵州人民出版社 , 2018.7
ISBN 978–7–221–14350–1

Ⅰ . ①你… Ⅱ . ①眠… Ⅲ . ①人生哲学—通俗读物
Ⅳ . ① B821–49

中国版本图书馆 CIP 数据核字（2018）第 127796 号

你有多凶猛，世界就有多软弱

眠眠　著

出 版 人	苏　桦	
总 策 划	陈继光	
责任编辑	唐　博	
装帧设计	末末美书	
出版发行	贵州人民出版社（贵阳市观山湖区会展东路 SOHO 办公区 A 座，邮编：550081）	
印　　刷	北京中科印刷有限公司（北京市通州区宋庄工业区 1 号楼 101 号，邮编：100018）	
开　　本	670 毫米 ×970 毫米　1 / 16	
字　　数	161 千字	
印　　张	16	
版　　次	2018 年 7 月第 1 版	
印　　次	2018 年 7 月第 1 次印刷	
书　　号	ISBN 978–7–221–14350–1	
定　　价	39.80 元	